Hizia Bellakehal

Comportement des dalles en béton armé de barres en PRF

Hizia Bellakehal

Comportement des dalles en béton armé de barres en PRF

Effet combiné de charges thermiques et mecaniques

Presses Académiques Francophones

Imprint

Any brand names and product names mentioned in this book are subject to trademark, brand or patent protection and are trademarks or registered trademarks of their respective holders. The use of brand names, product names, common names, trade names, product descriptions etc. even without a particular marking in this work is in no way to be construed to mean that such names may be regarded as unrestricted in respect of trademark and brand protection legislation and could thus be used by anyone.

Cover image: www.ingimage.com

Publisher:
Presses Académiques Francophones
is a trademark of
International Book Market Service Ltd., member of OmniScriptum Publishing Group
17 Meldrum Street, Beau Bassin 71504, Mauritius

Printed at: see last page
ISBN: 978-3-8416-3584-6

Zugl. / Agréé par: Laghouat, Université de Laghouat, Algérie, 2014

RÉSUMÉ

L'utilisation des barres en matériaux composites de *polymère renforcé de fibres* (PRF) comme armatures principales dans les structures en béton est devenue un axe d'intérêt pour les constructeurs des ouvrages vue de leurs caractéristiques mécaniques importantes et leur résistance chimique élevée, particulièrement, la résistance à la corrosion. L'utilisation des barres en PRF se trouve ainsi comme une solution efficace aux problèmes de durabilité des structures en béton armé traditionnelles. Néanmoins, le comportement thermique est le principal inconvénient de ces barres, dû à la différence importante entre le coefficient d'expansion thermique transversal des barres de PRF et celui du béton durci. Cette différence, entre les propriétés thermiques de ces deux matériaux, provoque une pression radiale à l'interface *Barre/Béton*. Cette pression engendre des contraintes thermiques circonférentielles de traction dans le béton enrobant la barre en PRF sous une augmentation de température. Lorsque ces contraintes atteignent la résistance à la traction du béton (f_t), des fissures radiales se produisent causant une perte d'adhérence entre la barre et l'enrobage de béton et, éventuellement, la rupture du béton d'enrobage si le confinement du béton n'est pas suffisant. Plusieurs études expérimentales et analytiques ont été faites pour caractériser les propriétés et le comportement des éléments en béton armé de barres en PRF sous l'effet indépendant de la charge thermique et mécanique. Tandis que, pas autant de recherches n'ont été effectuées en tenant compte des charges de service réelles des structures, telles que les charges mécaniques appliquées simultanément avec une variation thermique de -30°C à + 60 °C. Cette température représente généralement la variation climatique de la température sur la terre. L'objectif de ce projet est de réaliser une étude expérimentale et analytique afin d'étudier le comportement thermique et flexionnel des dalles en béton armé de barres en PRF sous les effets combinés des charges thermique et mécanique. La charge mécanique appliquée représente 20% de la résistance ultime flexionnelle des dalles. La température a été variée de -30°C à + 60 °C, de plus, 30 cycles *gel/dégel* ont été appliquées. A la fin des cycles thermiques toutes les dalles ont été soumises à l'essai de flexion en quatre points jusqu'à la rupture des dalles. L'étude analytique consiste à établir un modèle analytique permettant de calculer les déformations thermiques transversales à l'interface *Barre/Béton*. Le modèle proposé donne des valeurs de déformations en bon accord avec les résultats expérimentaux. Les résultats de cette étude nous

I

permettent de conclure que l'utilisation des barres de PRFV comme armatures principales des dalles en béton pour les structures implantées dans les régions caractérisées par des conditions climatiques rudes n'influe pas sur la serviabilité de ces structures.

ملـــــــــخص

ان استعمال القضبان المصنوعة من البوليمر المقوى بالألياف (PRF) كتسليح رئيسي للهياكل الخرسانية اصبح يستقطب اهتمام المصممين نظرا لخصائصه الميكانيكية ومقاومته العالية للمواد الكيميائية وبالتحديد مقاومته للصدأ. مما جعل من استعمال هذه القضبان كحل فعلي لمشاكل استدامة المنشآت الخرسانية التقليدية. إلا ان السلوك الحراري لهذه القضبان يعتبر احد سلبياتها الأساسية وهذا نظرا للفارق الكبير بين قيمتي معاملي التمدد الحراري لكل من قضبان (PRF) والخرسانة المتصلبة.

ان اختلاف الخصائص الحرارية لهاتين المادتين يؤدي الى بروز قوى ضغط شعاعيه على السطح البيني للقضبان والخرسانات. عند ارتفاع درجة الحرارة تؤدي قوى الضغط هذه الى ظهور اجهادات شد محيطية داخل الخرسانة. عندما تصل قيمة اجهادات الشد الى قيمة مقاومة الشد للخرسانة (f_t) يتم ظهور تشققات شعاعيه تؤدي الى فقدان التماسك بين القضيب والخرسانة المحيطة به، وأحيانا الى انهيار هذه الخرسانة في حال اذا كان انحصار الخرسانة غير كاف. لقد أجريت العديد من الدراسات التجريبية والتحليلية لوصف خصائص وسلوك الخرسانة المسلحة بقضبان (PRF) تحت تأثيرات مستقلة للحمولات الميكانيكية والحرارية. في حين لا توجد أي دراسة اخذت بعين الاعتبار الحالة الحقيقية للحمولات المطبقة اثناء فترة استعمال المنشأة مثل تطبيق الحمولة الميكانيكية في نفس الوقت مع الحمولة الحرارية. الهدف من هذا المشروع هو انجاز دراسة تجريبية وتحليلية من اجل دراسة السلوك الحراري والسلوك الانحنائي للبلاطات الخرسانية المسلحة بقضبان (PRF) تحت التأثيرات المشتركة للحمولات الميكانيكية والحرارية. مقدار الحمولة الميكانيكية المطبقة يمثل 20% من مقاومة البلاطة القصوى للانحناء. اما درجة الحرارة فقد تم تغييرها من -30م الى +60°م، زيادة على ذلك فقد تم تطبيق 30 دورة من التجليد وإزالة التجليد. بعد الانتهاء من كل الدورات الحرارية تم اخضاع جميع البلاطات الى اختبار الانحناء ذو الأربع نقاط الى غاية الانهيار التام للبلاطات. الدراسة التحليلية تتمثل في انشاء نموذج تحليلي لحساب التشوهات العرضية الحرارية عند السطح البيني للقضبان والخرسانة. نتائج التشوهات المتحصل عليها من النموذج التحليلي المقترح متوافقة مع النتائج التجريبية. النتائج المتحصل عليها في اطار هذه الدراسة تبين ان استعمال قضبان من (PRF) كتسليح أساسي للبلاطات الخرسانية للهياكل المنشأة في المناطق ذات الظروف المناخية القاسية لا يؤثر على الاستغلال العادي لهذه الهياكل.

ABSTRACT

The use of composite material of *fiber reinforced polymer* (FRP) bars as main reinforcement of concrete became an attractive solution idea for buildings constructors, due to its high mechanical performance, and its high chemical resistance, particularly, corrosion resistance. This make the FRP bars an alternative solution of durability problems of traditional reinforced concrete structures. However, the thermal behaviour is the main drawback of the FRP bars, due to the important difference between the transverse coefficient of thermal expansion of FRP bars and that of the hardened concrete. This difference involves a radial pressure generated at the *FRP bar/concrete* interface. This pressure produces a tensile circumferential thermal stresses within a concrete cover. When these stresses reach a concrete tensile strength (f_{ct}) a radial cracks occur producing the loss of the bond between GFRP bar and the surrounding concrete, and eventually, failure of the concrete cover if the confining action of concrete is not sufficient. Several experimental and analytical investigations have been carried out to characterize the properties and behavior of FRP materials under the independent effect of thermal and mechanical loads. However, no studies was carried out to investigate the effect of the actual service conditions, as the application of a sustained load combined with a temperature varied from   -30°C to +60°C which represents, generally, a temperature variation in the globe. The aim of this project is to establish an experimental and analytical study to investigate the thermal and flexural behaviour of FRP bars-reinforced concrete slabs under combined thermal and mechanical loads. The mechanical applied load represents 20% of the flexural ultimate load of slabs. The temperature was varied from -30 to +60 °C, and 30 freeze/thaw cycles. At the end of thermal cycles, all slabs were subjected to four-points bending test up to failure of slabs. The analytical study consist to establish an analytical model allow to evaluate the transverse thermal strains at the interface *bar/concrete*. The proposed model is in good correlation with experimental results. From this study it can be conclude that the use of GFRP bars as a principal reinforcement for concrete slabs subjected to harsh environmental conditions has no big influence on the flexural behaviour of these slabs.

REMERCIEMENTS

Mes vifs remerciements vont à Monsieur Ali Zaidi, Professeur à l'université de Laghouat (Algérie), et Monsieur Radhouane MASMOUDI, Professeur à l'université de Sherbrooke, Directeurs de thèse, qui m'ont encadré et assuré les conditions indispensables à la réalisation de ce travail.

Je tiens à remercier particulièrement Monsieur Ammar Yahia, Professeur à l'université de Sherbrooke, et Monsieur Said kenai, Professeur à l'université de Blida (Algérie), qui ont eu l'amabilité d'accepter la charge d'être les rapporteurs de cette thèse.

Mes remerciements vont aussi à Messieurs Slimane Metiche, Maître de Conférence à USTHB (Alger), et Monsieur Mohamed Bouhicha, Directeur général au MESRS (Alger), pour leur participation au jury de cette thèse.

J'exprime ma profonde reconnaissance à Monsieur Brahim Benmokrane, Professeur à l'université de Sherbrooke, pour ses précieux conseils et pour l'intérêt qu'il a porté à ce travail ainsi que d'avoir accepté de participer au jury de l'examen de synthèse.

Je remercie également :

- Le Ministère de l'enseignement supérieur et de la recherche scientifique (MESRS) de l'Algérie pour la bourse offerte dans le cadre de cette étude de doctorat.

- Le Conseil de recherche en sciences naturelles et en génie du Canada (NSERC), et la Fondation canadienne pour l'innovation (CFI) d'avoir participer au financement des travaux de recherche qui ont été réalisés à l'Université de Sherbrooke. Le fabricant Pultrall Inc. d'avoir fournir les barres de PRF.

TABLE DES MATIÈRES

LISTE DES FIGURES

LISTE DES TABLEAUX

LISTE DES SYMBOLES

a : Portée de cisaillement « *shear span* »

a_g : Taille maximum des agrégats

A : Aire effective du béton tendue entourant l'armature tendue et ayant le même centre de gravité que celui de l'armature tendue divisée par le nombre de barres

A_f : Section de l'armature tendue en PRF

$A_{f,min}$: Section des armatures minimale

A_g : Section brute du béton

b : Largeur de la zone comprimée de la section

b_w : Largeur de l'âme de la section de béton

c : Épaisseur d'enrobage du béton

C : Forces internes de compression

d : Distance entre le centre de gravité des armatures tendu et la fibre extrême du béton comprimé

d_b : Diamètre de la barre en PRFV

d_c : Distance entre le centre de gravité des armatures tendues et la fibre extrême du béton tendu

d_v = Hauteur utile de cisaillement "*effective shear depth*"

E_c : Module d'élasticité du béton

E_f : Module d'élasticité de la fibre

E_{ft} : Module d'élasticité transversal des fibres

E_m : Module d'élasticité de la matrice

E_{prf} : Module d'élasticité du composite

E_s : Module d'élasticité de l'acier

E_t : Module d'élasticité dans le sens transversal des barres de PRF

f_c : Contrainte de compression

f'_c : Résistance du béton à la compression

f_{ct} : Résistance moyenne de traction du béton

f_f : Contrainte de traction dans l'armature en PRF

f_{fu} : Résistance de traction des barres de PRF

f_r : Module de rupture du béton

f_t : Résistance à la traction du béton

f_y : Point d'écoulement élastique

F_u : Résistance ultime flexionnelle des dalles

G : Module de cisaillement

G_f : Module de cisaillement des fibres

G_m : Module de cisaillement de la matrice

h : Épaisseur de la dalle

h_1 : Distance du centre de gravité de l'armature tendue à l'axe neutre

h_2 : Distance de la face extrême tendue à l'axe neutre

I_{cr} : Moment d'inertie de la section fissurée

I_e : Moment d'inertie effectif

I_g : Moment d'inertie de la section brute

I_t : Moment d'inertie de la section de béton transformée non fissurée

k : Coefficient de réduction de la contrainte

K_1 : Paramètre tenant compte les conditions d'appuis

k_b : Coefficient d'adhérence

k_m : Coefficient tenant compte de l'effet d'un moment à la section sur la résistance au cisaillement

k_r : Coefficient tenant compte de l'effet de la rigidité de renforcement sur sa résistance au cisaillement

l : Portée de la dalle

l_b : Longueur d'ancrage

M_a : Moment de flexion à mi-travée des charges appliquées non pondérées

M_{cr} : Moment de fissuration

M_f : Masse des fibres

M_m : Masse de la matrice

M_r : Moment résistant

M_s : Moment de service

M_u : Moment dû aux charges pondérées

n : Coefficient d'ajustement de la courbe

n_{prf} : Rapport du module d'élasticité des PRF à celui du béton (E_{prf}/E_c)

N : Charge de traction

p : Pression radiale

P : Force concentrée appliquée

P_{cr} : Probabilité d'occurrence d'une section fissurée

P_{uncr} : Probabilité d'occurrence d'une section non-fissurée

q : Poids propre de l'élément

s : Espacement des barres longitudinales de PRF

T : Forces internes de traction

T_g : Températures de transition vitreuse

u : Déplacement radial de la surface cylindrique

v_f : Volume des fibres

v_m : Volume de la matrice

V_c : Résistance au cisaillement due à la contribution du béton

V_f : Fraction volumétrique des fibres

V_m : Fraction volumétrique de la matrice

V_r : Résistance pondérée à l'effort tranchant

V_n : Résistance nominale au cisaillement d'une section transversale en béton armé

V_s : Résistance au cisaillement due à la contribution des armatures transversale

V_u : Effort tranchant pondéré

w : Largeur maximale des fissures

W_f : Teneur en masse des fibres

y_t : Distance entre le centre de gravité de la section du béton non-fissuré et la fibre extrême du béton tendu

α_1 : Rapport de la contrainte moyenne dans le bloc de compression rectangulaire à la résistance en compression spécifiée du béton

α_f : Coefficient d'expansion thermique des fibres.

α_l : Coefficient d'expansion thermique longitudinal des barres en PRF

α_m : Coefficient d'expansion thermique de la matrice.

α_t : Coefficient d'expansion thermique transversal des barres en PRF

β : Coefficient de réduction donné par : $\beta = k_b\,[(E_f/E_s) + 1\,]$

β_1 : Rapport de la profondeur du bloc de contrainte de compression rectangulaire équivalent à la profondeur de l'axe neutre

δ : Flèche

ΔT : Variation de température

ΔT_{cr} : Variation de température produisant la première fissure

ε : Déformation

ε_0 : Déformation du béton correspondant à f'_c $\square$

ε_{cu} : Déformation ultime de compression du béton

$\varepsilon_{c\rho}$: Déformation radiale dans le béton

ε_{ct} : Déformation circonférentielle dans le béton

ε_{cz} : Déformation longitudinale du béton due à la charge mécanique axiale N

ε_{cp1} : Déformation radiale du béton due à l'effet de Poisson de la charge mécanique axiale N

ε_f : Déformation de l'armature de PRF (à mi- travée) sous une charge de service

ε_{ft} : Déformation circonférentielle de la barre en PRF

ε_{fz} : Déformation longitudinale de la barre due à la charge mécanique axiale N

ε_p : Déformation radiale

ε_t : Déformation circonférentielle

ε_u : Déformation ultime des barres de PRF

φ : Facteur de réduction de résistance

ϕ_f : Coefficient de tenue de l'armature en PRF

ϕ_c : Coefficient de tenue du béton

γ : Facteur tenant compte l'effet de la rigidification de la zone tendue sur la courbure

γ_c : Masse volumique du béton

λ : Coefficient tenant compte de la densité du béton

v_c : Coefficient du Poisson du béton

v_f : Coefficient du Poisson des fibres

v_m : Coefficient du Poisson de la matrice

v_{lt} : Coefficient du Poisson transversal des barres en PRF lorsque celle-ci est sollicitée longitudinalement

v_{tt} : Coefficient du Poisson transversal des barres en PRF lorsque celle-ci est sollicitée transversalement

ρ : Rayon d'un point quelconque de cylindre

ρ_{eff} : Taux de renforcement effective

ρ_f : Masse volumique des fibres

ρ_{prf} : Taux d'armature tendue de PRF

ρ_{prfb} : Taux de l'armature tendue correspondant aux conditions équilibrées

ρ_m : Masse volumique de la matrice

ρ_s : Taux des armatures d'acier

σ : Contrainte

σ_{cz} : Contrainte longitudinale du béton due à la charge mécanique axiale N

σ_{fp} : Contraintes radiale de la barre de PRF

σ_{ft} : Contrainte circonférentielle de la barre de PRF

σ_p : Contrainte radiale

σ_t : Contrainte circonférentielle

σ_{tmax} : Contrainte de traction circonférentielle maximale dans le béton

τ : Contrainte d'adhérence

ψ : Courbure

LISTE DES ACRONYMES

BRF : Béton Renforcé de Fibres

CET : Coefficient d'Expansion Thermique

DOP : Dioctyl phthalate

LVDT : *Linear Variable Differential Transformer*

NSM : Insertion de jonc de carbone (*Near-Surface-Mounted*)

PRF : Polymères Renforcés de Fibres

PRFA : Polymères Renforcés de Fibres d'Aramide

PRFC : Polymères Renforcés de Fibres de Carbone

PRFK : Polymères Renforcés de Fibres de Kevlar

PRFKV : Polymères Renforcés de Fibres Kevlar et de verre

PRFKVN : Polymères Renforcés de Fibres de Kevlar, verre et nylon

PRFN : Polymères Renforcés de Fibres de nylon

PRFV : Polymères Renforcés de Fibres de verre

PRFVN : Polymères Renforcés de Fibres de verre et de nylon

PP : Fibres de PolyPropylene

PVA : Fibre PolyVinylAlcohol

TMA : *Thermo-Mechanical Analysis*

DMA : *Dynamic Mechanical Analysis*

CHAPITRE 1
INTRODUCTION GÉNÉRALE

1.1 Généralité

Au cours des deux derniers siècles, les progrès rapides de la technologie des matériaux de construction ont permis aux ingénieurs de réaliser des gains impressionnants de la sécurité, l'économie et la fonctionnalité des bâtiments construits pour servir les besoins communs de la société [Bakis *et al.*, 2002]. Néanmoins, l'un des défis les plus importants que rencontre le domaine de la construction est le nombre impressionnant d'ouvrages en état de détérioration plus ou moins avancée. Dans la plupart des cas, cette détérioration est causée par la corrosion des barres d'acier ou les tendons en acier précontraint utilisés comme renforcement principale de ces structures.

La corrosion de l'armature d'acier des structures en béton constitue un problème depuis des années, surtout dans les ponts et structures maritimes, et conduisant à leur détérioration [Banendran *et al.*, 2002] [Shahidi *et al.*, 2004]. La détérioration des structures est aggravée par la concentration excessive des chlorures dans les matériaux de construction, la forte humidité, la température, l'exposition au bord de la mer, les cycles de Gel/Dégel, l'utilisation de sels de déglaçage ainsi que des surcharges mécaniques résultant de l'augmentation de plus en plus de la charge du trafic [Banendran *et al.*, 2002]. Cette corrosion est un problème important qui réduit la durée de vie des structures en béton, augmente le coût de réparation et menace la sécurité des ouvrages [El-Hacha *et al.*, 2004]. La détérioration des structures en béton armé est devenue une préoccupation majeure dans presque tous les pays du monde.

Dans certains cas, les coûts de réparation peuvent être deux fois plus élevés que le coût initial. En Amérique du Nord, ce phénomène a été aggravé dans les parcs de stationnement par l'utilisation de sels de déglaçage et les fluctuations importantes de la température. Dans un premier bulletin publié sur l'état des infrastructures au Canada, qui porte sur les routes et les aqueducs municipaux, on évalue à plus de 170 milliards de dollars le montant nécessaire pour remettre à niveau ces infrastructures [J. Kells, 2013]. Le coût de réparations des ponts routiers existants aux États-Unis est estimé à plus de 50 milliards de dollars, et de 1 à 3 trillions de dollars pour toutes les structures de béton. En Europe, le coût de réparations est estimé à environ 3 milliards de dollars par an. En outre, ce problème de corrosion excessive existe aussi dans les pays arabes du Golfe [Banendran et al., 2002].

Les matériaux non-métalliques de polymères renforcés de fibres (PRF) sont utilisés comme une alternative à l'acier de ferraillage dans les structures en béton, en particulier, celles exposées aux environnements hostiles et agressifs. Ils deviennent comme l'une des solutions la plus efficace grâce de leur résistance élevée à la corrosion, au rapport résistance/poids et rigidité/poids élevés, à la facilité de manipulation et de fabrication, à l'endurance en fatigue élevée et à faible coefficient thermique (dans le sens des fibres) [El- Zaroug et al., 2007] [Pendhari et al., 2008].

Les premiers matériaux de PRF composés de fibres de verre incorporés dans des résines de polymère ont été mis à disposition par l'industrie pétrochimique novice après la Seconde Guerre mondiale. La combinaison de la haute résistance, haute rigidité structurelle des fibres avec le faible coût de certaines fibres, légèreté et la résistance environnementale des polymères forme un matériau composite aux propriétés mécaniques et durabilité meilleure que chacun des constituants seul. Les matériaux composites de fibres optiques de haute performance ont été commercialisés dans les années 1960 et 1970 dans le domaine de l'aéronautique. Au début, les composites réalisés avec ces fibres de haute performance étaient trop coûteux. Toutefois, des travaux de recherches ont été déjà entamés durant les années 70 afin d'abaisser le coût des PRFs. À la fin des années 80 et au début des années 90, le coût des PRF a diminué suite à l'accroissement continu de l'industrie de ce matériau [Bakis et al., 2002].

Les PRF sont principalement utilisés dans les structures exposées au bord de la mer, les ponts, les structures nécessitant une bonne isolation électromagnétique (les locaux des installations d'imagerie par résonance magnétique), et les grandes semelles de fondations [Banendran et al.,

2002]. Cependant, il existe un énorme potentiel de son utilisation dans les bâtiments à plusieurs étages, les parkings de stationnement, et les structures industrielles [Kodur et Bisby, 2005].

Les composites de PRF peuvent être produits par différentes méthodes de fabrication. Les produits fabriqués et les plus utilisés en génie civil sont les barres, les câbles de précontrainte, treillis de deux et de trois dimensions, feuilles, plaques, profilés structuraux et les structures tubulaires. La surface des barres peut être de forme spirale, droite, sablée droite, sablée/tressée, et déformée. Leur adhérence au béton est égale, voire meilleure, à celle des barres d'armature conventionnelles en acier [Banendran *et al.*, 2002].

1.2 État du problème

Les barres en PRF ont été conçues comme une solution définitive au problème de la corrosion des aciers dans les constructions en béton. Cependant, le comportement mécanique des composites, différent à celui de l'acier, comporte quelques inconvénients: des problèmes nouveaux de conception et calcul se posent et doivent être résolus, parmi lesquels, ceux causés par le manque de compatibilité thermique entre le béton et les barres de PRF. Plusieurs études ont montré que les propriétés mécaniques telles que la résistance et la rigidité des polymères diminuent considérablement lorsque la température atteint la température de transition vitreuse [Mutsuyoshi *et al.*, 2004] par conséquent, la résistance à l'état de service de la structure peut être affectée significativement [Elbadry et Osman,, 2009].

Des études relatives à la compatibilité thermique des armatures de PRF ont identifié la divergence des valeurs du coefficient d'expansion thermique (CET) [El-Hacha *et al.*, 2004]. Cette divergence a été attribuée à la composition de l'armature de PRF qui se compose de fibres longitudinales noyées dans une matrice de résine. La dilatation thermique relativement élevée de la matrice de résine et celle relativement modérée des fibres dans la direction transversale est la cause principale de la valeur importante du CET transversal de PRF. Par contre, l'effet modéré des fibres dans le sens longitudinal joue un rôle important sur la valeur du CET longitudinal des armatures du PRF, qui peut parfois être négatif [Gentry et Husain, 1999] [Vogel et Svecova, 2004].

3

Des études expérimentales effectuées sur les armatures de PRF ont montré que le CET transversal (α_t) des barres du PRF est généralement beaucoup plus élevé que le CET longitudinal (α_l). Pour les barres de polymères renforcés de fibres de verre (PRFV), le coefficient α_L est similaire à celui du béton, tandis que le coefficient α_T est de 3 à 8 fois plus grand. En raison de la différence entre les coefficients de dilatation thermique transversale des barres en PRF et le béton, une pression radiale produite à l'interface *PRF / béton* induit des contraintes de traction dans le béton sous une température élevée. Ces contraintes de traction peuvent causer des fissures dans le béton et éventuellement la réduction de la rigidité de l'élément. En conséquence, une augmentation de la courbure thermique aura lieu juste après l'apparition de premières microfissures qui se produisent lorsque la contrainte thermique dans le béton d'enrobage, dans différents endroits, atteint sa résistance à la traction (f_t). Ces fissures induites thermiquement conduisent à la perte de l'adhérence entre la barre et le béton d'enrobage le long de la barre et, éventuellement, la rupture du béton d'enrobage si le confinement du béton n'est pas suffisant [Masmoudi *et al*., 2005] [Zaidi et Masmoudi, 2006] [Galatia *et al*., 2006] [El- Zaroug *et al*., 2007].

L'apparition de fissures sous une charge thermique dépend de plusieurs facteurs: le type d'armature en PRF, type de béton, présence de confinement (armature transversale) et les propriétés géométriques de la section transversale [Aiello *et al*., 1999].

Au cours des deux dernières décades, de nombreuses recherches ont été menées sur le comportement des éléments en béton armé ou précontraint de PRF sous l'effet des charges mécaniques. Tandis que, peu de recherches ont été effectuées en tenant compte de l'effet de la température sur le comportement de ces membres. Bien que les effets de la température sur les propriétés mécaniques de PRF soient reconnus dans la littérature, aucune orientation n'est donnée pour le calcul des structures renforcées de PRF sous l'effet de la température [Elbadry *et al*., 2000]. Par conséquent, une meilleure compréhension du comportement des structures en béton armé de PRF est nécessaire lorsqu'elles sont soumises aux conditions de service telle que une charge mécanique soutenue et une variation thermique de -30°C à +60°C. Ces variations de température peuvent être trouvées dans les climats tropicaux où les températures sont souvent au-dessus de 70°C, jusqu'à 60°C dans l'est de l'Arabie Saoudite et au-delà de

55°C au nord de la Floride [El- Zaroug *et al.*, 2007]. Des essais thermiques sont donc indispensables pour étudier le comportement mécanique des structures en béton armé de PRF sous tels environnements afin d'adopter une conception appropriée par rapport à la résistance aux températures.

1.3 Objectifs de la recherche

L'objectif principal de ce projet de recherche est d'étudier le comportement en flexion des dalles en béton armé de barres de PRF de verre (PRFV) sous l'effet combiné de la charge mécanique et de la variation de température. Ainsi, d'évaluer éventuellement, les effets combinés de ces charges sur la déformation thermique transversale dans l'enrobage de béton et les barres d'armature. Ces déformations permettent de déterminer le rapport minimum d'épaisseur d'enrobage du béton au diamètre de la barre en PRFV (c/d_b) afin d'éviter la rupture d'enrobage du béton sous des charges combinées thermique et mécanique.

L'un des objectifs spécifiques de ce projet de recherche est l'élaboration des modèles analytiques capables de prédire le comportement thermique des dalles soumises à la fois à des charges thermique et mécanique. Aussi, d'évaluer la variation de température produisant la première fissure radiale dans le béton à l'interface armature/béton et la variation de température produisant la rupture d'enrobage de béton en fonction du rapport d'épaisseur d'enrobage du béton au diamètre de la barre en PRF.

Afin d'atteindre nos objectifs, les volets théorique et expérimental sont réalisés à travers les étapes suivantes :

-   Étudier l'effet du rapport d'épaisseur d'enrobage du béton au diamètre de la barre sur la distribution de déformations dans le béton et les barres en utilisant des dalles unidirectionnelle en béton armé de barres en PRFV de différents diamètres, soumises à des températures variant de -30°C à + 60 °C. Ces dalles sont ensuite soumises à l'essai de flexion à quatre points jusqu'à la rupture.

5

- Étudier l'effet des cycles Gel/Dégel (30 cycles de -30°C à +60°C) combiné avec une charge mécanique de 20% de la charge ultime des dalles en béton armé de barres en PRFV.

- Étudier le comportement thermique des barres en PRFV soumises à une force de traction constante. Cette force représente la contrainte de traction obtenue au niveau des barres ancrées dans les dalles, lorsque celles-ci sont soumises à une charge mécanique de 20% et 30% de leur charge ultime. Cet essai permet de comparer le comportement d'une barre isolée avec celui d'une barre ancrée dans le béton des dalles.

1.4 Méthodologie

Le projet de recherche proposé est composé de trois phases :

Phase I : Évaluer les propriétés mécaniques et thermiques du béton et des barres de PRF utilisés. Ces propriétés sont principalement les caractéristiques mécaniques en traction des barres en matériaux composites telles que les modules d'élasticité, les coefficients de Poisson, les résistances ultimes, et les caractéristiques physiques telles que les coefficients de dilatation thermique longitudinal et transversal, les températures de transition vitreuse T_g.

Phase II : Réaliser le programme expérimental afin d'évaluer le comportement structural des dalles en béton armé de barres en matériaux composites. Ces éléments vont être soumis à des sollicitations simultanées mécanique et thermique. Le présent programme expérimental consiste à confectionner et tester 18 dalles, divisées en six séries, chaque série constituée de trois dalles : une dalle soumise à une charge mécanique simultanément avec une charge thermique, la deuxième dalle soumise à une charge thermique seule, la troisième dalle est une dalle de contrôle, à conserver dans les conditions ambiantes. Les dalles sont unidirectionnelles de longueur 2500 mm et de section 500x200 mm. La charge mécanique est obtenue par l'essai de flexion en quatre points. Les sollicitations thermiques sont obtenues à l'aide d'une chambre environnementale à température contrôlée (- 30°C à +60°C). Des montages pour charges soutenues sont fabriqués. À l'aide d'une instrumentation calibrée, le niveau de la charge appliquée sur les dalles est contrôlé par la force du contrepoids. Les effets des paramètres suivants sont évalués: diamètres de barres, l'épaisseur de recouvrement en

6

béton, l'espacement entre les barres, le niveau de charges appliquées aux dalles et la résistance à la compression du béton.

Phase III : Approche théorique

L'analyse de l'effet de chacun des paramètres d'étude proposés est effectuée à l'aide d'une approche analytique (moyennant des principes fondamentaux de la mécanique des milieux continus). Les modèles analytiques suggérés traitent la distribution des contraintes à l'interface barre/béton générées par une augmentation de température appliquée à un cylindre de béton. Ces modèles sont modifiés afin de tenir compte de la géométrie des sections rectangulaires (sections de poutres et de dalles) en béton armé de barres en matériaux composites.

1.5 Organisation de la thèse

La présente thèse est divisée en six chapitres :

Chapitre 1 :

Ce chapitre présente une introduction générale incluant les généralités sur les matériaux composites de PRF utilisés dans les structures ainsi que la problématique de ce projet de recherche. En dernier lieu, on cite les objectifs principaux et spécifiques de cette recherche.

Chapitre 2 :

Ce chapitre donne une brève présentation des matériaux composites, leurs caractéristiques, et leur comportement mécanique. Ainsi, il exhibe une revue de littérature détaillée sur le comportement mécanique et thermique des éléments renforcés de barres en matériaux composites.

Chapitre 3 :

Ce chapitre expose un bref résumé des méthodes de calcul des dalles en béton armé de barres en PRF comme spécifié dans le code Canadien (CAN/CSA-S806-12), le guide Américain ACI440-1R-06 et le manuel de calcul N°3 de l'ISIS-2007. Cette présentation est donnée afin de justifier le calcul théorique de la flèche, la largeur des fissures, la capacité portante flexionnelle et de cisaillement présenté, au chapitre 5. Les résultats de calcul théorique sont comparés aux résultats expérimentaux obtenus de cette étude.

Chapitre 4 :

Ce chapitre décrit le programme expérimental tout en incluant les procédures d'essais des différentes étapes de ce programme de recherche. Les propriétés des matériaux utilisés, les paramètres d'étude, la description des échantillons, ainsi que les instrumentations des dalles sont aussi présentés.

Chapitre 5 :

La présentation, l'analyse et discussion des résultats expérimentaux sont illustrées dans ce chapitre. L'analyse des résultats est divisée en deux grandes parties, à savoir, l'analyse du comportement thermomécanique des dalles soumises à des chargements combinés thermique et mécanique, et celle du comportement flexionnel de ces dalles selon les codes et guides de calcul présentés au chapitre 3.

Chapitre 6 :

Ce chapitre présente le modèle analytique et la discussion des résultats théoriques. Une comparaison entre les résultats analytique et expérimentaux est aussi présentée.

Enfin, la thèse se termine par des conclusions et recommandations, suivies par des références bibliographiques.

CHAPITRE 2
REVUE DE LITTÉRATURE

2.1 Généralités

Durant les trois dernières décennies, de nombreuses détériorations prématurées ont été observées dans un grand nombre de structures en béton localisées dans des environnements corrosifs et marins. Ces structures incluent les ponts, les tunnels, les stationnements étagés et les murs de soutènement. Ces détériorations sont reliées à la corrosion de l'armature en acier. Cet état est devenu un sérieux problème en Amérique du nord. De plus, la corrosion de l'acier est aggravée par les ions chlorures provenant des sels de déverglaçage à base de sodium et de calcium. Ainsi, plusieurs procédés et techniques de construction et de réparation ont été développés pour la protection des armatures contre la corrosion. La solution la plus efficace aux problèmes de corrosion est de remplacer l'acier par un matériau non-corrosif en l'occurrence les polymères renforcés de fibres (PRF).

2.2 Matériaux composites en PRF

Les matériaux composites en PRF sont essentiellement composés de filaments (fibres) appelés renfort et une matrice de résine. Les filaments présentent une résistance très élevée et un haut module d'élasticité, et ce sont eux qui supportent les charges mécaniques (Fig. 2.1). Les principales fibres utilisées sont les fibres de verre, les fibres de carbone, les fibres d'aramide, les fibres céramiques, les fibres de bore et les fibres naturelles. Les fibres les plus fréquemment utilisées en génie civil sont le verre, le carbone et l'aramide. La matrice est le matériau de collage utilisé pour tenir les fibres entre elles afin d'éviter leur cisaillement, et aussi pour les protéger et de maintenir la stabilité dimensionnelle des barres. Les barres de PRF sont fabriquées selon un processus de pultrusion. Ce type de procédé permet d'obtenir des produits à haute teneur en fibres de 60% à 80%, en volume. Actuellement, plusieurs fabricants en Amérique du Nord, en Europe et au Japon produisent les barres de PRF de verre

(PRFV). Kodiak, V-Rod, DYWIDUR, Jitek, GFCC sont quelques produits disponibles [Benmokrane *et al.*, 1995].

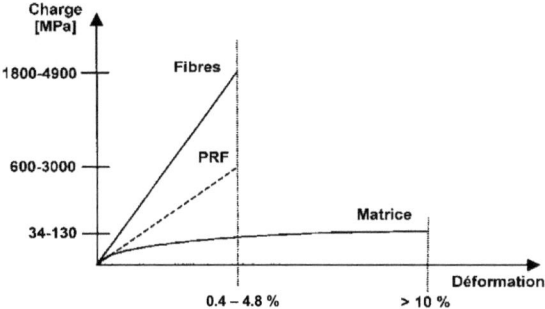

Figure 2.1 Courbes contrainte/déformation des PRF, des fibres et de la matrice [ISIS[1]-M3-2007]

Les propriétés mécaniques des PRF varient considérablement d'un produit à l'autre. Des facteurs comme le volume de fibres, type de fibres et de résine utilisées, l'orientation des fibres, le contrôle de la qualité pendant le processus de fabrication etc., jouent un rôle très important dans les caractéristiques du produit. Les propriétés mécaniques des PRF sont affectées par l'histoire et la durée de chargement, la température et l'humidité. Les barres en PRFV possèdent de propriétés d'excellente isolation électrique et magnétique. Par conséquent, elles peuvent être utilisées pour des applications où l'isolation électrique et magnétique est requise.

2.2.1 Fibres

Fibres de verre

Les fibres de verre sont fabriquées par extrusion de verre fondu à travers un orifice. Plusieurs fibres de verre sont disponibles au marché : Type E (électrique), type S (résistance), Type C (chimique), Type AR (résistance aux alcalis). Mais les deux premiers types sont les plus couramment utilisés. Le module d'élasticité des PRF de verre est compris entre 70 et 90 GPa.

---

[1] ISIS : Intelligent Sensing for Innovative Structures.

Les principaux avantages des fibres de verre sont [Benmokrane *et al.*, 1995; Hameed *et al.*, 2009; Benmokrane, 2011] :

- Coût faible (relativement aux autres fibres)
- Grande résistance en traction (2000 – 5000 MPa) et aux produits chimiques
- Grande ténacité
- Excellente résistance aux impacts
- Excellent isolant
- Bonne fiabilité
- Très bonne imprégnation
- Large gamme de propriétés
- Déformation ultime: 2,0 – 5,6%

Fibres de carbone

Les fibres de carbone sont obtenues à partir des fibres de PolyAcryloNitrile (PAN) ou à partir de résidus de raffinerie de charbon ou de pétrole. Les fibres de carbone sont les plus performantes, mais aussi les plus chères.

Les principaux avantages des fibres de carbone sont [Benmokrane, 2011] :
- Grande résistance en traction (2500 – 4000 MPa), en compression et à la fatigue
- Excellente tenue à haute température
- Excellente rigidité (module d'élasticité: 230 – 760 GPa)
- Bonne conductivité électrique et thermique
- Inertie complète à la corrosion et aux produits chimiques
- Insensibilité à l'humidité et aux rayures
- Faible coefficient de dilatation thermique
- Déformation ultime: 0,4 – 1,8%

Les fibres de carbone peuvent être classées selon le type de précurseur :
1. Fibres isotropiques (PITCH) caractérisées par un module de Youg élevé.
2. Fibres polyacrilonitrile (PAN) caractérisées par une résistance ultime et un coût très élevé.

Fibres d'aramide

Les fibres d'aramide sont fabriquées à partir des polyamides, qui sont des polymères obtenus par polycondensation. La fibre d'aramide est vulnérable aux attaques de bases, des acides forts et est elle susceptible à se dégrader par les rayons ultraviolets (UV). Les principaux avantages des fibres d'aramide sont [Benmokrane, 2011] :

- Haute résistance spécifique à la traction (2800 – 4000 MPa)
- Faible masse volumique
- Excellente résistance à l'impact et au choc
- Bonnes résistances aux hydrocarbures, aux solvants et aux lubrifiants
- Isolant thermique et magnétique
- Bonne résistance à l'usure
- Grande rigidité (70 – 180 GPa)
- Bon amortissement des vibrations

Fibres naturelles

Les fibres naturelles sont récemment devenues une alternative aux renforcements des polymères (PRF). En raison de leur faible coût, de faible densité, assez bonnes propriétés mécaniques, résistance spécifique élevée, non abrasif, non-irritant à la peau, réduire la consommation d'énergie, moins de risque pour la santé, renouvelable, recyclable, écologique et de caractéristiques biodégradables. Elles sont exploitées en tant que remplacement pour les fibres classiques tels que le verre, l'aramide et le carbone. Ces fibres naturelles comprennent : le lin, le chanvre, le jute, le sisal, le kenaf, le coco, le kapok, la banane, henequen et bien d'autres. Les fibres naturelles peuvent être classées en deux groupes, à base végétale et à base animale (poils et soie). En fonction de la performance des produits composites, il faut choisir la technologie de fabrication appropriée avec les matières premières convenables (thermodurcissables ou thermoplastiques ; à haute ou à basse viscosité, la température de traitement). Les matériaux thermoplastiques sont actuellement les plus dominants comme matrices pour la bio-fibres [Ku *et al.,* 2011] [Ho *et al.,* 2012].

En général, la résistance à la traction des composites en polymères renforcés de fibres naturelles augmente avec la teneur en fibres, jusqu'à une valeur maximale ou optimale, puis elle diminue. Cependant, les propriétés de traction des polymères renforcés de fibres naturelles (que ce soit thermoplastique ou thermodurcissable) sont principalement influencées par l'adhérence à l'interface entre la matrice et les fibres. Plusieurs modifications chimiques sont utilisées pour améliorer l'adhérence à l'interface fibre-matrice, ce qui entraîne l'amélioration des propriétés de traction des composites [Huo *et al.*, 2013 ; Ku *et al.*, 2011]. Une étude expérimentale a confirmé que la contrainte de traction et la déformation de rupture d'un composite en polymère d'époxy renforcé de tissu de lin (*flax fabric*) est de 300 MPa et 2% respectivement, ce qui les rend comparable aux PRFV [Yan et Chouw, 2013].

2.2.2 Résine

Les matrices en polymères résines se subdivisent en deux grandes classes : les thermo-durcissables et les thermoplastiques. Après polymérisation, les résines thermodurcissables subissent une réaction chimique irréversible. Cependant, les résines thermoplastiques peuvent être reformées par chauffage autant de fois que nécessaire. Les résines thermodurcissables telles que le vinylester, le polyester et l'époxy sont les polymères prédominants choisis pour armatures internes en PRF en raison de leur résistance excellente aux conditions environnementales. Bien que les résines thermoplastiques ont récemment attirés l'attention des professionnels en génie civil en raison de leur résistance thermique et flexionnelle dans ce domaine [Bakis *et al.*, 2002].

Les résines époxydes (époxy) ont une résistance élevée au fluage, une forte adhérence aux fibres, une grande résistance chimique, de bonnes propriétés électriques, une haute température de transition vitreuse et un faible retrait. Les résines époxydes peuvent être utilisées dans tous les procédés de fabrication de PRF.

Les résines vinylesters sont bien adaptées pour la fabrication des PRF en raison de leur faible viscosité, leur résistance aux solvants du chlorure et leur temps de durcissement court, mais ils ont un retrait volumique élevé par rapport aux résines époxydes durant le durcissement (la cure). Elles sont plus chères que les résines de polyester.

Les polyesters thermodurcissables sont généralement composés d'un polymère non saturé d'ester en solution dans un monomère de réticulation tel que le styrène. Selon la combinaison

13

des ingrédients, les propriétés du polyester peuvent varier considérablement. Les polyesters sont résistants au feu, à l'humidité, aux acides et aux alcalis, mais ils se dégradent par les solvants du chlorure. Les principaux avantages de polyesters sont : une faible viscosité, un temps de la cure rapide, une stabilité dimensionnelle, une excellente résistance chimique et un coût modéré. L'inconvénient des polyesters est leur retrait volumique élevé durant le traitement. La combinaison de faible coût (environ 50% de celle des époxydes) avec les excellentes propriétés font des polyesters la résine la plus largement utilisée pour les PRFs. [Benmokrane et al. 1995]

2.2.3 Fillers et agents de couplage

Les fillers sont généralement des matériaux inertes vise principalement à réduire le volume de la résine, diminuer le coût du composite, réduire la fissuration et améliorer les propriétés mécaniques et la résistance vis-à-vis des milieux agressives. Un agent de couplage est un produit réagissant avec les fibres et la matrice d'un composite dans le but de former ou de promouvoir une plus grande adhérence à l'interface fibre/matrice et d'améliorer la résistance à l'altération par les conditions climatiques. En général, la quantité des fillers utilisée se situe entre 20 et 30% du poids de la résine.

2.2.4 Procédés de fabrication

Les armatures unidirectionnelles en PRF sont généralement fabriquées par le procédé de pultrusion. Le procédé consiste à lier les fibres, les empaqueter ensemble, puis sont tirés des bobines à travers un bassin de résine dans lequel ils sont saturés, puis ils passent à travers une filière constituée d'un certain nombre d'orifices jusqu'au moule chauffant (four) de préformage (Fig. 2.2).

Les températures de mûrissement se situent normalement entre 110 et 180 °C. Après le mûrissement le produit passe dans une chambre de polymérisation où la résine va durcir. La vitesse du tirage à travers le moule est prédéterminée par le temps de cure nécessaire. Pour s'assurer d'une bonne adhérence avec le béton, la surface des barres est déformée ou recouverte du sable avant durcissement de la résine. La différence entre les procédures de fabrication donne des produits de PRF à des caractéristiques d'adhérence assez variable. Dans certains cas, la contrainte d'adhérence de ces produits de PRF est comparable ou supérieure à celle des armatures d'acier. [Bakis *et al.*, 2002]

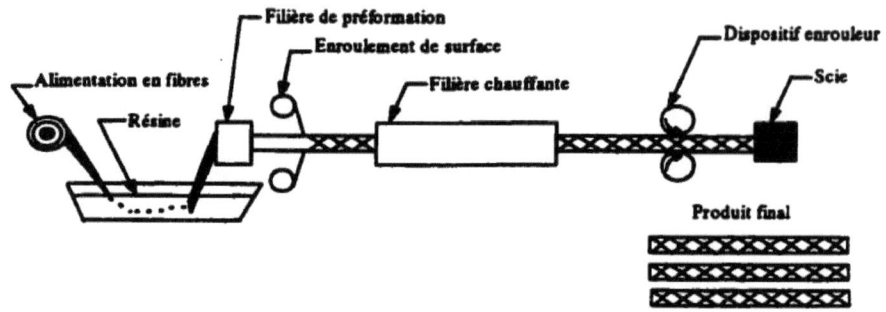

Figure 2.2 Procédé de pultrusion.

2.3 Caractéristiques physiques et mécaniques des barres en PRF

Les matériaux de PRF ont des caractéristiques physiques et mécaniques différentes selon les caractéristiques des fibres utilisées, le pourcentage de fibres, le type de résine, la configuration de la section transversale et de la surface du matériau de renforcement, et la méthode de fabrication. On trouve à ce sujet dans la littérature un certain nombre de relations obtenues par voie théorique ou semi-empirique, et dont les résultats ne correspondent pas toujours avec les valeurs obtenues expérimentalement. L'une des raisons et que les fibres elles-mêmes présentent, suivant leur nature, une anisotropie plus ou moins remarquable [Gay, 1997].

2.3.1 Densité

La densité des PRF varie de 1,25 à 2,1 g/cm^3, elle est de 1/6 à 1/4 de celle de l'acier (voir Tableau 2.1). Ce poids relativement léger diminue les coûts de transport et facilite la manutention des barres sur le site du projet.

Tableau 2.1   Densités typiques des barres d'armature

Type de renforcement	Acier	PRFV	PRFC	PRFA
Densité (g/cm^3)	7,9	1,25 à 2,1	1,5 à 1,6	1,25 à 1,40

15

2.3.2 Module d'élasticité en traction

La rigidité en traction d'une barre d'armature dépend du type et de la fraction volumétrique des fibres. Le module d'élasticité d'une barre en matériaux composites dépend à la fois du module d'élasticité et de la fraction volumétrique des fibres et de la résine, et peut être évalué approximativement à l'aide de la règle des mélanges comme suit [Gay, 1997] :

$$E_{prf} = E_f \cdot V_f + E_m (1-V_f) \tag{2.1}$$

E_{prf} : Module d'élasticité du composite.

E_f et E_m : Module d'élasticité de la fibre et de la matrice, respectivement.

V_f : Fraction volumétrique des fibres.

Le module d'élasticité du composite est toujours inférieur à celui de fibres constituantes. Le Tableau 2.2 résume les propriétés usuelles de traction des barres d'armature.

- **Module d'élasticité dans le sens transversal des barres de PRF E_t** [Gay, 1997] :

$$E_t = E_m \left[\frac{1}{\left(1-V_f\right) + \dfrac{E_m}{E_{ft}} V_f} \right] \tag{2.2}$$

Où E_{ft} : Module d'élasticité transversal des fibres.

Tableau 2.2 Propriétés usuelles de traction des barres d'armature [ACI 440.1R-06]

	Acier	PRFV	PRFC	PRFA
Contrainte d'écoulement (MPa)	276 - 517	N/A	N/A	N/A
Résistance de traction (MPa)	483 - 690	483 - 1600	600 – 3690	1720 - 2540
Module élastique (GPa)	200,0	35,0 – 51,0	120,0 – 580,0	41,0 – 125,0
Déformation de rupture (%)	6,0 - 12	1,2 – 3,1	0,5 – 1,7	1,9 – 4,4

16

2.3.3 Teneur en masse et teneur en volume des fibres

On peut passer du taux en masse au taux en volume, et réciproquement. Si ρ_f et ρ_m qui désignent les masses volumiques respectivement des fibres et de la matrice, sont connus, on a :

$$V_f = \frac{M_f / \rho_f}{M_f / \rho_f + M_m / \rho_m} \qquad (2.3)$$

$$W_f = \frac{M_f}{M_f + M_m} = \frac{\rho_f v_f}{\rho_f v_f + \rho_m v_m} \qquad (2.4)$$

Où M_f : Masse des fibres ;

       M_m : Masse de la matrice ;

       v_f : Volume des fibres;

       v_m : Volume de la matrice;

       ρ_f : Masse volumique des fibres;

       ρ_m : Masse volumique de la matrice;

       V_f : Teneur en volume des fibres;

       W_f : Teneur en masse des fibres;

2.3.4 Coefficient du Poisson transversal des barres en PRF

Le coefficient du Poisson, v_{lt}, caractérise la contraction de la barre dans le sens transversal t lorsqu'on la sollicite en traction suivant le sens longitudinal l. Ce coefficient est donné par :

$$v_{lt} = v_f V_f + v_m V_m \qquad (2.5)$$

Avec v_m ; v_f : Coefficient du Poisson de la matrice et des fibres, respectivement.

Le coefficient du Poisson transversal v_{tt} d'une barre de PRF caractérise la contraction de la barre dans le sens transversal t lorsqu'on la sollicite suivant la direction transversale t. Ce coefficient est considéré égal à celui de la matrice v_m.

2.3.5 Module de cisaillement

Le module de cisaillement selon la direction transversale de la barre de PRF est évalué à l'aide de la règle des mélanges comme suit :

$$G = \frac{G_m G_f}{G_m V_f + G_f V_m} = G_m \left[\frac{1}{(1-V_f) + \frac{G_m}{G_f} V_f} \right] \tag{2.6}$$

Où : V_m et V_f: Teneur en volume de la matrice et des fibres, respectivement;

   G_m et G_f: Module de cisaillement de la matrice et des fibres, respectivement;

2.3.6 Expansion thermique

Les coefficients d'expansion thermique (CET) de barres en PRF varient dans le sens longitudinal et transversal en fonction des types de fibre, la résine, et la fraction volumique de fibres. Le CET longitudinal des barres en PRF est dominé par les propriétés des fibres (qui ont des CET longitudinaux faibles). Tandis que leur CET transversal dominé par celui de la résine est, significativement, plus grand que celui des fibres. Le tableau 2.3 présente les coefficients d'expansion thermique longitudinaux et transversaux de barres de FRP, de barres d'acier et du béton.

Tableau 2.3   Coefficients typiques d'expansion thermique [ACI 440.1R-06]

Direction	CET, x 10^{-6} /°C				
	Béton	Acier	PRFV	PRFC	PRFA
Longitudinale, α_l	7,2 à 10,8	11,7	6,0 à 10,0	-9,0 à 0,0	-6,0 à -2,0
Transversale, α_t	7,2 à 10,8	11,7	21,0 à 23,0	74,0 à 104,0	60,0 à 80,0

Le CET longitudinal α_l est déterminé, selon la règle des mélanges, par la relation suivante [Benmokrane, 2011] :

$$\alpha_l = \frac{\alpha_f E_f V_f + \alpha_m E_m V_m}{E_f V_f + E_m V_m} \tag{2.7}$$

18

V_f : Fraction volumétrique des fibres.

V_m : Fraction volumétrique de la matrice.

α_f : Coefficient d'expansion thermique des fibres.

α_m : Coefficient d'expansion thermique de la matrice.

Le CET transversal α_t est déterminé par la relation suivante :

$$\alpha_t = (1+V_f)\alpha_f V_f + (1+V_m)\alpha_m V_m - \alpha_l \nu_{lt} \qquad (2.8)$$

Avec : α_l : CET longitudinal donné par l'Équation 2.7 ci-dessus

ν_{lt} : Coefficient de Poisson longitudinal du PRF.

Pour une fraction volumique en fibres supérieure à 25%, on peut évaluer α_t par l'équation suivante:

$$\alpha_t = (1+V_f)\alpha_f V_f + (1+V_m)\alpha_m V_m \qquad (2.9)$$

2.4 Comportement mécanique des tiges en matériaux composites

2.4.1 Comportement en traction

Comparée à celle de l'acier, la variation de la résistance en traction des matériaux composites est beaucoup plus élevée. Cette variation dépend du type de fibres, de la fraction volumique de fibres, de la configuration des fibres et de resines, et du diamètre de la barre. En effet, en raison du décalage en cisaillement, les fibres situées à la surface de l'armature sont soumises à des efforts de cisaillement excessifs conduisant à la rupture progressive de ces fibres. Ce phénomène conduit à une perte de résistance et d'efficacité qui augmente avec le diamètre de la barre [Ehsani 1993]. Le comportement en traction des barres en PRF constitué d'un seul type de fibres est caractérisé par une relation contrainte-déformation élastique linéaire jusqu'à la rupture. Elles ne présentent aucun comportement plastique avant la rupture. La résistance à la traction et la rigidité d'une barre de PRF dépendent de plusieurs facteurs tels la fraction volumique des fibres qui affecte de manière significative les propriétés de traction d'une barre de PRF car les fibres sont les principaux constituants qui transfèrent la charge dans le composite. La vitesse de durcissement, le processus de fabrication, et le contrôle de la qualité de fabrication affectent aussi les caractéristiques mécaniques de la barre.

Les barres de PRFC ont une rigidité semblable à celle des barres d'acier et supérieure à celle des barres en PRFV et PRFA. Leurs faibles élongations à la rupture, d'environ 1%, résultent du cas de rupture fragile. Les barres en fibres d'aramide et de verre ont des élongations de 2 à 4% à la rupture. Ceci donne à ces barres (PRFV et PRFA) une plus grande ductilité que celle des barres en fibres de carbone, bien que leurs rigidités soient plus faibles.

2.4.2 Comportement en compression

Les matériaux composites en PRF sont généralement utilisés comme des renforcements de traction. Les résistances en compression et en cisaillement des PRF sont généralement très faibles comparativement à leur résistance en traction. La résistance en compression dépend du type de fibres, du rapport volumique en fibres, du procédé de fabrication, etc.

En outre, le module d'élasticité de compression des barres en PRF semble être plus petit que son module d'élasticité en traction. Selon les résultats rapportés suite à des essais en compression, un consensus indique que la rigidité en compression se situe dans l'intervalle de 77 à 97 % de la rigidité en traction. Selon Kobayashi et Fujisaki (1995), la résistance en compression des barres en PRFA, en PRFC et en PRFV correspond à environ 10 %, 30 à 50 %, et 30 à 40 % de leurs résistances en traction, respectivement. En pratique, la résistance à la compression des barres n'est pas prise en compte dans le calcul [ISIS-M03, 2007].

2.5 Comportement mécanique des éléments en béton armé de barres en PRF

Bien que le calcul de résistance à la flexion et au cisaillement des PRF s'appuie sur un grand nombre des hypothèses identiques à celles utilisées pour l'armature d'acier. Les différences significatives entre les propriétés des matériaux et le comportement mécanique des PRF et ceux de l'acier mènent à l'éloignement de la philosophie de calcul du béton armé conventionnel. En particulier, la caractéristique linéaire – élastique de la courbe contrainte – déformation de la plupart des composites de PRF qui implique que les procédures de calcul du béton renforcé de PRF doivent prendre en compte de sa ductilité qui est inférieure à celle du béton armé conventionnel. Actuellement, le béton armé de PRF est calculé selon les principes des états limites pour assurer la résistance suffisante (généralement basés sur certaine forme de calcul des facteurs de charges et de résistance), pour déterminer le mode de rupture gouvernant et pour vérifier l'adhérence adéquate.

2.5.1 Comportement en flexion

Les PRF en tant qu'armatures longitudinales dans les structures en béton, ont une meilleure résistance à la corrosion et à la flexion. Citant à titre d'exemples : les tabliers des ponts, les semelles, les dalles de plancher et les murs (piliers, tiges et murs de soutènement). Dans ces éléments, la résistance à la flexion est essentiellement assurée par le renforcement longitudinal. Le comportement à la flexion et au cisaillement des structures en béton armé de barres en PRF est présenté dans cette section.

Le comportement flexionnel du béton armé en PRF est l'aspect le plus clair et le mieux connu dans l'étude des éléments renforcés des barres en PRF. La loi de comportement des PRFs est linéaire jusqu'à la rupture avec aucune limite d'élasticité déterminée. Cette propriété rend le comportement de ces structures fragiles. De nombreuses études expérimentales ont montré que la rupture des poutres renforcées en PRF est généralement soudaine avec une ductilité limitée, à cause de l'absence de plasticité dans les matériaux de PRF. Par conséquent, le critère de calcul des poutres en flexion doit être basé sur l'épuisement de résistance du béton, en donnant un rapport de renforcement supérieur à celui correspondant à la rupture équilibrée (poutres sur-renforcées). La rupture des poutres sous-renforcées de PRF, en utilisant une section de PRF inférieure à la section d'équilibré, est atteinte par la rupture de PRF. Il est évident que ce mode de rupture est fragile sans aucun signe d'avertissement devançant la rupture. Cependant, le mode de rupture par écrasement du béton des éléments sur-renforcés est un peu plus souhaitable, en raison de l'absorption d'énergie et une plus grande déformabilité conduisant à un mode de rupture plus progressive. D'autre part, le faible module d'élasticité de PRF implique une déformabilité élevée, un manque de ductilité et une largeur de fissures élevée. En général, les équations d'évaluation de la flèche utilisées pour le béton conventionnel sous-estiment les flèches. Par conséquent, les critères de calcul des structures en béton armé de PRF se détournent à ceux des états limites de service qui vérifient les aspects de comportement structurel, au lieu des états limites ultimes de résistance. Ceci pour garantir la fonctionnalité et la sécurité pendant la durée de vie prévue des structures [Harris *et al.,* 1998; Aiello et Ombres, 2002; Bakis *et al.,* 2002; Leung et Balendran, 2003; Pendhari *et al.,* 2008].

Cependant, une étude expérimentale récente menée par Alsayed et al. (2000) suggère que la capacité flexionnelle des poutres renforcées de barres en PRF peut être prédite avec précision à l'aide de la théorie des états limite ultime, lorsque la rupture est due à l'écrasement du béton dans la zone comprimée.

Masmoudi et al. (1998) ont mené une série d'essais sur des poutres en béton renforcé de barres en PRFV. Les principaux résultats trouvés montrent que la flèche et le schéma de fissuration de ces poutres étaient semblables à celle des poutres renforcées de barres d'acier lorsque le moment appliqué est inférieur à 25% du moment ultime. Aussi, ces résultats montrent que la largeur des fissures dans les poutres renforcées en PRF était 3 à 5 fois plus grande que celle de poutres identiques renforcées de barres d'acier due au faible module élastique du PRF. Diverses expressions modifiées ont été proposées pour prédire le moment d'inertie effectif des sections renforcées par des barres en PRF.

Ombres et al. (2000) ont effectué des essais sur le comportement flexionnel des dalles unidirectionnelles en béton renforcé de PRF. Les principaux résultats obtenus montrent que la rigidité après fissuration des dalles en béton armé de barres en PRFV est nettement plus faible que celle des dalles renforcées de barres d'acier et que la largeur des fissures et les flèches sont plus grandes. Ainsi, la capacité ultime des dalles augmente avec la quantité des barres de PRFV utilisée. Ceci est évidemment constaté dans le cas où le mode de rupture est mené par écrasement du béton. Ils ont établi également des modèles analytiques pour prédire la capacité ultime, la flèche et la largeur des fissures. Ces modèles ont donné une précision acceptable.

2.5.2 Comportement au cisaillement
Comme pour le béton armé traditionnel, la résistance à l'effort tranchant des éléments en béton armé de barre en PRF est basée sur la contribution des armatures transversales et la contribution du béton non fissuré en compression. En tenant compte aussi l'interaction des agrégats, l'effet de goujon, et l'effet de dimensions.

La contribution du béton à la résistance au cisaillement est trop limitée dans les poutres renforcées longitudinalement par des barres en PRF, en raison que la zone de compression du béton dans ce genre des poutres est plus petite, les fissures sont plus larges et les forces de l'effet de goujon sont plus petites. Un facteur de réduction, proportionnelle au rapport du module d'élasticité des barres en PRF à celui des aciers (E_{PRF}/E_{acier}), est généralement utilisé pour le calcul de la contribution du béton au cisaillement dans les poutres conventionnelles. Bien que, pour les poutres renforcées longitudinalement par des barres en PRF et soumises à la flexion, une telle approche donne une résistance de cisaillement sous-estimée lorsque la quantité des armatures longitudinales est très grande. En utilisant le facteur de réduction (E_{PRF}/E_{acier}), la résistance au cisaillement des panneaux de pont d'essai a été sous-estimée par un facteur égale à trois [Bakis *et al.,* 2002].

Des résultats expérimentaux menés sur des poutres en béton armé de barres en PRFV sans armature transversales ont montrés que la résistance au cisaillement diminue avec l'augmentation de la hauteur utile, en particulier pour les poutres de faible taux d'armatures longitudinales. Ceci est expliqué par l'effet de dimension. L'utilisation de petits spécimens à des fins de validation, peut conduire à surestimer la résistance au cisaillement des éléments profonds sans armatures transversales. L'utilisation des armatures de peau ou une section minimale des armatures transversales contribue à la diminution de l'effet de dimension. Les armatures de peau améliorent la rigidité en flexion, ce qui permet la formation des fissures plus rapprochées. L'effet de dimension est augmenté lorsque la taille maximale des granulats est réduite, ce qui conduit aussi à la réduction de la résistance [Matta *et al.,* 2013].

L'effet de dimension sur la résistance au cisaillement a été examiné aussi par Alam et Hussein, (2013), qui ont examiné 12 poutres en béton armé de barres en PRF sans armatures transversales, où la hauteur utile a été variée entre 300 et 800 mm. Ils ont trouvé que l'espacement des fissures est proportionnel avec la profondeur des poutres. Les modes de rupture constatés des poutres étaient cisaillement-traction, cisaillement-compression, ou la traction diagonale.

La rupture des dalles unidirectionnelles renforcées de barres en FRP de verre (PRFV) se fait généralement par traction – cisaillement diagonal. Les grandes flèches et la largeur des fissures fournissent un avertissement adéquat de la rupture brusque. Ils ont observé que la rupture des dalles bidirectionnelles d'essai se produit en cisaillement par poinçonnement [Bakis *et al.*, 2002].

Dans les poutres renforcées transversalement par des étriers en PRF, la rupture par cisaillement s'est faite soit par la rupture des cadres de PRF aux points de déflexion ou par une rupture en cisaillement-compression dans la zone d'appuis (*shear span*). Les grilles multidirectionnelles de PRF peuvent également être utilisées comme armature de cisaillement [Bakis *et al.*, 2002].

Des travaux réalisés par El-Mogy *et al.*, (2011) sur des poutres continues en béton armé de barres en PRFV ont montré que l'augmentation de la section des armatures transversales de PRFV, sans augmenter les armatures longitudinales, conduit à la réduction de la flèche et améliore la redistribution du moment de flexion. Ainsi, la diminution de l'espacement des cadres, tout en maintenant le même rapport des armatures longitudinales et le rapport des armatures transversales, conduit à l'augmentation de la déformabilité des poutres et à une très grande redistribution du moment.

Une étude effectuée sur des poutres en béton armé de barres en acier, en PRFC et en PRFV, continues et simplement appuyées, a montré que l'utilisation des étriers en PRFV conduit à l'augmentation de déformation au cisaillement, et par conséquent, à l'augmentation de la flèche. L'utilisation des étriers en PRFV conduit aussi au changement du mode de rupture, d'une rupture flexionnelle à une rupture par cisaillement ou par cisaillement – flexion tout dépend au types des armatures longitudinales (acier ou PRF). Cette augmentation de déformation reste petite et acceptable pour les charges de service, mais elle augmente considérablement au-delà de la rupture [Grace *et al.*, 1998].

2.5.3 Amélioration de la ductilité des éléments renforcés en PRF

La ductilité peut être définie comme la capacité d'un matériau, section, élément, ou d'un système structurel de subir une déformation inélastique importante sans perte significative de résistance. Pour le béton armé conventionnel, la ductilité peut être définie comme le rapport entre la déformation totale à la rupture (courbure ou flèche) et la déformation de plastification. Les éléments ayant un rapport de ductilité supérieur ou égale à quatre présentent des signes importants de détresse (chute de résistance) avant la rupture [Bakis *et al.,* 2002].

L'utilisation des PRFs dans les poutres en béton influence considérablement sur leur ductilité. L'absence de la consommation suffisante de l'énergie inélastique dans les barres d'armatures en PRF avant la rupture, due à l'absence de point d'écoulement de la matière, combinée à la grande énergie élastique libérée à la rupture, mène à une rupture catastrophique extrêmement dommageable pour la structure. Cette rupture est aussi soudaine et ne fournit aucun avertissement. Par conséquent, une grande déformation n'implique pas une grande ductilité, puisque les valeurs importantes des flèches des poutres en béton armé en PRF sont probablement dues au faible module d'élasticité des barres de PRF. Ce qui correspond à une grande quantité d'énergie élastique emmagasinée, contrairement au cas du béton armé conventionnel, où la plastification de l'acier fournit une déformation plastique suffisante qui absorbe une grande quantité d'énergie. Donc, l'indice de ductilité défini pour les poutres en béton armé conventionnel ne peut pas être utilisé pour les poutres en béton renforcés de barres en PRF, puisque celles-ci ne possèdent pas un point d'écoulement de matière [Oudah et El-Hacha, 2012].

Toutefois, afin d'améliorer la ductilité des poutres et d'éviter la rupture brusque des structures, les chercheurs ont adopté plusieurs techniques à savoir :

Renforcement hybride de barres d'acier et de barres en PRF
La ductilité a été augmentée aussi en utilisant le renforcement hybride qui consiste à combiner des barres d'acier et des barres en PRF dans la même section. Le renforcement hybride semble être une solution pratique et efficace pour la confection des poutres en béton. Une solution

optimale est obtenue en plaçant les barres en PRF près de la surface extérieure de la zone tendue avec une petite valeur d'enrobage et les barres d'acier au niveau plus profond dans la zone tendue. Après la fissuration, la valeur élevée de l'épaisseur d'enrobage protège les barres d'acier contre les agents agressifs. De point de vue statique, la position des barres d'acier au sein de la section transversale ne fournit pas une bonne contribution à la résistance, tandis que sa contribution est efficace sur la ductilité et la rigidité. D'autre part, l'utilisation des armatures d'acier permet de concevoir des poutres avec un nombre limité de barres de PRF. L'élasticité de l'acier assure la ductilité tandis que la résistance de PRF augmente la capacité ultime après la plastification des aciers [Aiello et Ombres, 2002].

Aiello et Ombres, (2002) ont étudié le comportement à la flexion des poutres en béton armé de barres de PRF et d'acier. L'étude expérimentale a été réalisée sur six poutres de dimensions 150x200x3000 mm. Une poutre renforcée avec des barres de PRFA seulement, une renforcée avec des barres d'acier seulement, et quatre renforcées par une combinaison des barres en PRFA et d'acier. Les résultats montrent que l'augmentation de la rigidité est plus évidente pour les poutres renforcées par des barres mixtes de PRFA et d'acier car la présence des armatures d'acier permet de réduire la largeur et l'espacement des fissures.

Leung et Balendran (2003) ont étudié l'effet de renforcement hybride sur le comportement flexionnel de sept poutres en béton armé de section rectangulaire et de dimensions de 150x200x3000 mm. Deux types de renforcement internes en deux nappes ont été utilisés. La 1ère nappe de barres en PRFV avec un enrobage de 40 mm, la 2ème nappe de barres en acier avec un enrobage de 70 mm. Pour les armatures transversales, les auteurs ont utilisé des étriers en acier doux placés aux extrémités des poutres et aucun étrier n'a été placé au milieu de poutre. Les résultats montrent que, avant la limite élastique des poutres, les courbes de flèches des poutres de renforcement hybride sont semblables à celles des poutres renforcées par des barres d'acier. Cependant, après la limite élastique, les courbes de flèches des poutres renforcées par des barres d'acier montrent un palier horizontal, tandis que celles des poutres de renforcement hybride montrent une branche croissante. Ceci prouve que les barres de PRFV deviennent plus efficaces après la plastification des barres d'acier. En outre, la résistance à la flexion et la répartition des fissures des poutres de renforcement hybride sont

26

plus élevées que celle des poutres renforcées par un seul type de renforcement, en acier ou en PRFV. Pour les poutres de renforcement hybrides, l'augmentation de la quantité de barres de PRFV peut conduire à l'augmentation de la capacité portante, bien que l'augmentation de la résistance du béton ne change pas le mode de rupture mais conduit à l'augmentation de la déformabilité des poutres à la rupture. Le mode de rupture de ces poutres s'est fait par écrasement du béton.

Renforcement par des barres de PRF hybrides

La création d'un composite hybride en combinant deux ou plusieurs différentes fibres de renforcement pour obtenir un comportement ($\sigma - \varepsilon$) ductile bilinéaire est devenue un sujet d'intérêt. Il consiste de combiner adéquatement des fibres tressées et assemblées avec une matrice de résine de protection pour former un système de matériau composite.

Une nouvelle barre ductile de polymère renforcé de fibres hybrides (FRP) a été développée à l'Université Drexel [Harris *et al.,* 1998]. Cette nouvelle barre est unique en ce qui concerne sa loi de comportement qui est bilinéaire, avec un module d'Young proche de celui de l'acier. L'utilisation de cette barre dans les structures en béton pour le renforcement ou pour la réhabilitation montre une ductilité similaire à celle de l'acier et permet l'emploi de la méthode de calcul aux états limites. Cette nouvelle barre caractérisée par une rupture progressive a une courbe contrainte – déformation de traction bilinéaire avec un point d'écoulement précis, une résistance ultime plus élevée que la limite élastique et une déformation ultime entre 2% et 3%. Les autres avantages de cette barre sont la légèreté, la grande résistance à la corrosion et la grande résistance mécanique. Elle peut être adaptée à des niveaux de résistance compatibles aux classes actuelles des barres d'acier ou des câbles de précontrainte. Quatre poutres de dimensions de 50x100x1200 mm ont été fabriquées et testées en flexion. Une poutre est renforcée de barres d'acier et les trois autres sont renforcées de barres de PRF hybride de 5 mm de diamètre. Les résultats démontrent l'habilité de la section à subir des déformations inélastiques. Les courbes charge – flèche et les courbes Moment – courbure montrent l'habilité de ces poutres d'avoir un comportement ductile avec une adhérence adéquate et similaire à celle des armatures d'acier. Une étude à l'aide de l'essai d'arrachement (Pull-out) a montré que cette nouvelle barre possède une adhérence très grande grâce à un tressage effectué sur la circonférence des barres. La hauteur et l'espacement de tressage peuvent être modifiés dans la conception de la barre afin d'atteindre le niveau d'adhérence souhaité.

Elsayed *et al.,* (2011) ont réalisé un programme expérimental comprenant neuf poutres afin d'étudier le comportement des poutres en béton armé de barres en PRF hybrides produit localement, et de comparer leur comportement à celui des poutres en béton armé traditionnel et des poutres béton armé de barres en PRFV. Les fibres hybrides utilisées sont *l'aramide – verre* et *le carbone – verre*. L'étude porte sur l'effet de l'utilisation des barres en polymères renforcés de fibres hybrides sur l'amélioration du comportement et des caractéristiques de ductilité des poutres en béton armé de barres en PRF. Les résultats montrent que les poutres renforcées de barres fabriquées en PRF hybrides *aramide – verre*, avec un rapport de fibres de 17 à 44,5%, donnent une résistance ultime maximale estimé de 37% plus élevé que celle de la poutre renforcée de barres en PRF de verre pur. Ils ont été observé aussi que les poutres renforcées de barres en PRF hybrides ont démontré leur efficacité de fournir une semi-ductilité aux structures du béton.

Les fibres de nylon sont connues pour leur haut allongement à la rupture. Le Kevlar possède une haute résistance et de module élastique élevé, mais il est relativement coûteux. D'autre part, les fibres de verre, qui ne sont pas très chère et qui possèdent une résistance et un module élastique supérieurs à ceux des fibres de nylon, sont relativement lourdes. Isa *et al.,* (2013) ont étudié l'effet de différentes fibres (fibres de verre et de nylon), qui sont couramment disponibles à un coût inférieur à celui des fibres de Kevlar et leurs combinaisons, sur la stabilité mécanique, physique et thermique des composites en polyesters renforcés de fibres. Les auteurs ont étudié également l'hybridation de ces trois fibres de taux de déformation à la rupture relativement élevé. La matrice utilisée dans cette étude est une résine de polyester insaturé modifié par un pourcentage en poids de 5% de DOP (Dioctyl phthalate). Ils ont observé que l'hybridation a un effet positif par rapport au composite de fibres de verre en termes de la résistance à la traction, de module élastique, et la réduction de la densité. Cependant, un effet inverse a été observé sur la stabilité thermique et l'absorption d'eau. Les composites hybrides de PRFKV (composite de Kevlar et de verre), PRFVN (composite de verre et de nylon) et PRFKVN (composite de Kevlar, verre et nylon) possèdent une plus

28

grande limite d'élasticité en flexion et une stabilité thermique supérieure à ceux de PRFK (composite de Kevlar) et PRFN (composite de nylon). Ces deux derniers composites ont des effets positifs sur l'hybridation. La stabilité thermique des hybrides indique qu'ils peuvent être utilisés là où des températures élevées sont exigées. La résistance à la traction de PRFKV était plus élevée que celle de PRFV de 19,4%. Tandis que, le module élastique de PRFKV et PRFKVN étaient plus élevées de 89,22% et 55,82%, respectivement, par rapport à celui de PRFV. Les densités de tous les composites hybrides étaient plus basses que celui de PRFV par des valeurs comprises entre 7% et 30%.

Insertion de jonc de carbone (NSM)

L'utilisation du PRF comme armatures principales affecte considérablement la ductilité. Cependant, leurs utilisations comme renforcement extérieur par collage des plaques ou par la technique d'insertion de jonc de carbone (technique de NSM : *Near-Surface-Mounted*) dans les poutres en béton armé conventionnel, montrent un comportement charge-flèche différent à celui des poutres renforcées juste par des barres de PRF. Le comportement de ces poutres possède un point d'écoulement, mais le plateau plastique n'est pas parfaitement plastique comme les poutres en béton armé conventionnel [Wahab *et al.*, 2011; Oudah et El-Hacha, 2012; Al-mahmoud *et al.*, 2012]. La technique de NSM consiste en l'insertion de bandes de polymères renforcées de fibres de carbone (PRFC) dans des gravures effectuées préalablement dans le béton d'enrobage des surfaces tendues, remplies de résines époxydiques pour fixation.

Béton renforcé de fibres d'acier

Afin de surmonter les problèmes de déformabilité et de ductilité des poutres en béton armé de barres de PRF, une solution alternative en utilisant le béton renforcé de fibres (BRF) a été proposé. Elle est devenue claire maintenant que l'addition de fibres d'acier permet d'améliorer les propriétés mécaniques des éléments en béton. Les fibres d'acier augmentent la ténacité, la durabilité et la résistance aux chocs, et contrôlent l'apparition et la croissance des fissures. Yang *et al.*, (2012) ont étudié l'influence de l'ajout de fibres sur la capacité portante, le développement des fissures, et la ductilité. Six échantillons de poutres en béton armé de haute résistance renforcées de barres en PRF ont été construits et testés. Le renforcement flexionnel des trois poutres a été de barres en PRFC, et les trois autres poutres ont été renforcées de barres en FRPV. Des fibres d'acier et des fibres synthétiques de polyoléfine ont été utilisées en tant que fibres de renforcement discrètes, de pourcentage en volume de 1,0% et 2,0%, respectivement. Les résultats montrent que l'addition des fibres a retardé l'apparition de fissures de flexion et a diminué la largeur des fissures. En raison de l'augmentation de déformation ultime de compression, et de l'amélioration et l'adoucissement du comportement post-pic du BRF (béton renforcé de fibres), les poutres renforcées de barres de PRFV avec des fibres d'acier et des fibres synthétiques montrent une ductilité et un comportement inélastique juste avant la rupture, et une résistance à la flexion supérieure à celle des poutres sans ajout des fibres. Alors, qu'il n'y avait aucune amélioration de la ductilité en ajoutant des fibres dans les poutres renforcées de barres en PRFC, qui a montré une rupture brusque des barres de PRF. L'addition des fibres dans la masse du béton pourrait être une méthode possible pour surmonter la faible ductilité des poutres renforcées de barres en PRFV.

Kim *et al.,* (2013) ont préparé 63 spécimens cubiques pour investiguer le comportement d'arrachement des barres en PRFV revêtues de sable et autres en hélice enroulée, ainsi que des barres d'acier, dans des bétons renforcés de fibres structurelles (fibres d'acier, fibres de polypropylene (PP) et fibre de polyvinylalcohol (PVA)). Les fractions volumiques des fibres choisis sont 0%, 0,5%, et 1%. Les résultats montrent que le comportement d'adhérence à l'interface entre l'armature et le béton renforcé de fibres a été affecté par le type de fibre, la fraction volumique des fibres, le traitement de surface des barres d'armature, et la résistance à la compression. Pour l'arrachement, l'ajout des fibres retardent de façon significative la rupture par arrachement des barres d'armature, en maintenant une haute ténacité. L'ajout de fibres structurelles a changé les modes de rupture des barres de PRFV. Pour les barres de PRFV revêtues de sable, le mode de rupture a été changé d'un mode de rupture par décollement partiel de la résine à une rupture complète des barres, indépendamment de type de fibres ajoutées.

2.6 Comportement thermique du béton renforcé de barres en PRF

Les caractéristiques thermiques des PRF varient d'un produit à l'autre et dépendent de plusieurs facteurs tels que le type de fibres et de la matrice de résine utilisés, le rapport de volume de fibres et le module d'élasticité. Il est à noter que, lorsque les structures en service sont exposées directement au soleil, les éléments composites pultrudés peuvent endurer des températures qui sont supérieures à la température de l'air par 15°C au minimum [Engindeniz et Zureick, 2008].

2.6.1 Effet de la basse température

Les basses températures affectent défavorablement l'état ultime de PRF [Dutta, 1988]. À basse température, des contraintes résiduelles importantes se produisent entre les fibres et la matrice de PRF. Des microfissures peuvent se produire dans la matrice ou à l'interface entre les fibres et la matrice au cours des cycles de *Gel/Dégel*. Ceci est dû à la grande différence entre les coefficients de dilatation thermique des éléments constitutifs des PRF. Par exemple, les fibres de carbone ont un coefficient de dilatation thermique négative proche de zéro (de $-0,5 \times 10^{-6}$ à $-0,1 \times 10^{-6}/°C$), tandis que les matrices polymériques ont un coefficient de dilatation thermique positive relativement élevé (de 45×10^{-6} à $120 \times 10^{-6}/°C$). Ces fissures peuvent affecter les propriétés mécaniques telles que la résistance, la durée de vie et la rigidité. Alors que, les propriétés mécaniques du matériau de CFRP ne sont pas influencées significativement sous une température allant jusqu'à -30°C.

Robert et Benmokrane (2010) ont montré que les propriétés mécaniques, résistance à la traction, au cisaillement et à la flexion, ainsi le module élastique flexionnel des barres en PRFV, augmentent lorsque la température diminue. Ce phénomène est dû à l'augmentation de la rigidité de la matrice polymère amorphe causée par la diminution de la température. Par ailleurs, si le matériau contient un niveau d'humidité élevé, l'expansion du volume de l'eau pendant le gel peut causer l'initiation de microfissures et diminuer les propriétés mécaniques. Toutefois, ils ont observé que la résistance au cisaillement et à la flexion des échantillons en PRFV saturés et soumis à des températures basses (entre 0 ° et -60 °C) n'ont pas été affectés.

Baumert *et al.,* (1996) ont testé, à basse température (-28 ° C), des poutres à petite échelle (1,0 m et 2,0 m de travées) renforcées par des feuilles de CFRP. Ils ont trouvé que les poutres renforcées ne comportent aucune dégradation de résistance au cours d'une exposition de court terme aux basses températures.

31

Un autre aspect de préoccupation existe, relative au comportement physique de la matrice de résine au cours de variations de température. Les fibres de renforcement présentent une force et propriétés mécaniques importantes lorsqu'elles sont parfaitement alignées. La cure de la matrice de résine de polymère peut provoquer des micro-courbures le long de la fibre. À basse température, la rigidification de la matrice ne permet pas aux fibres de se réaligner sous l'application d'une charge de traction. Par conséquent, la répartition de contrainte n'est pas uniforme. Quelques fibres transmettent plus de contrainte que d'autres, donc une rupture prématurée de ces fibres peut avoir lieu. La rupture des autres fibres commence progressivement [Renée et Yunping, 2003].

Une étude expérimentale effectuée sur des éprouvettes en béton ordinaire et d'autres en béton renforcé de fibre d'acier (avec un pourcentage volumique de fibres de 1,5%), de dimensions de 40x40x160mm, a montré que l'application d'une charge flexionnelle simultanément avec les cycles de Gel/Dégel et les attaques des sels de chlore accélère, significativement, le processus de dégradation du béton dûe aux cycles thermiques. Le module de Young diminue avec l'augmentation de taux de chargement. Cependant, le chargement mécanique n'a pas un effet important sur la perte du poids du béton dûe aux attaques chimiques. L'ajout des fibres d'acier dans la masse du béton conduit à la limitation des dommages du béton et améliore sa résistance [Ru *et al.*, 2002].

Une étude réalisée par Kong *et al.*, (2005) a montré un effet différent de la combinaison de la charge mécanique et les cycles de Gel/Dégel. Ils ont examiné la durabilité de 70 éprouvettes cylindriques (150 x 300 mm) en béton ordinaire de faible résistance et sans entraineur d'air. Les éprouvettes soumises simultanément aux cycles de Gel/Dégel et une charge soutenue de compression ont montré une meilleure performance que celles soumises uniquement aux cycles de Gel/Dégel. Ceci est dû au confinement créé par la charge mécanique et l'encastrement des extrémités, qui préviennent l'expansion et la contraction longitudinale.

2.6.2 Effet de la haute température

Adhérence des barres en PRF sous haute température

L'adhérence est l'élément le plus important dans le renforcement car elle permet le transfert des contraintes entre le béton et l'armature de PRF en vue de développer une action composite. Le comportement de l'interface influe sur la capacité ultime de l'élément renforcé ainsi sur les aspects de l'état de service tels que la flèche et la largeur et l'espacement des fissures [Banendran *et al.*, 2002; Ragi *et al.*, 2006].

L'adhérence des barres en PRF est bonne comparée à celle des barres d'acier. Cependant, il a été montré par plusieurs chercheurs que la rupture d'adhérence des barres en PRF est initiée par le cisaillement de leur surface en contact avec le béton. La rupture d'adhérence des barres crénelées en acier est causée par l'écrasement (ou cisaillement) du béton situé autour des crénelures de la barre. Contrairement aux barres d'acier, l'adhérence des barres en PRF ne dépend pas de la résistance en compression du béton [Benmokrane *et al.*, 2000; ISIS, 2007].

Des résultats expérimentaux ont confirmé que la relation constitutive de glissement (s) et la contrainte d'adhérence (τ) est fortement dépendante des mécanismes d'adhérence. Les mécanismes d'adhérence, à leur tour, dépendent principalement de la forme de la surface extérieure (barre crénelée, barre recouverte de sable, etc.) et du type de résine (en particulier sa résistance). Cependant, de nombreux autres paramètres influent sur la performance de l'adhérence, comme la pression de confinement, le diamètre et la forme géométrique de la barre, la position de la barre dans l'élément (armature supérieure ou inférieure), la longueur d'ancrage dans le béton, la variation de la température, les conditions environnementales, le frottement, la résistance mécanique des barres de PRF vis à vis le béton, la pression hydrostatique qui s'exerce contre les barres de PRF due au retrait du béton durci, et l'expansion des barres de PRF à cause de changement de température et de l'absorption d'humidité. En outre, la contrainte d'adhérence dépend aussi des propriétés des fibres et de la résine [Cosenza et Manfredi, 1997 ; Tighiouart *et al.*, 1998 ; Banendran *et al.*, 2002].

C'est bien connu que la distribution de contrainte n'est pas constante le long de longueur d'ancrage de la barre. Cependant, on peut définir une contrainte d'adhérence moyenne par l'expression suivante :

$$\tau = N/(\pi\, d_b\, l_b) \qquad\qquad (2.10)$$

Où : N : Charge de traction,

d_b : Diamètre de la barre,

l_b : Longueur d'ancrage.

Ehsani *et al.*, (1997) ont effectué des essais d'arrachement (pull out) et des essais d'adhérence par flexion (beam test) avec des barres en PRFV ancrées dans un béton de poids normal. Ils ont observé que le comportement d'adhérence des barres en PRFV dépend du type de barre et du procédé de fabrication. Ils ont également constaté que la longueur d'ancrage augmente avec l'augmentation de la capacité portante des barres de PRFV. La contrainte maximale d'adhérence et les valeurs de glissement obtenues par l'essai d'arrachement direct ont été largement supérieures à celles obtenues par l'essai d'adhérence par flexion [Banendran *et al.*, 2002]. Tighiouart *et al.*, (1998) ont utilisé aussi les mêmes essais que Ehsani *et al.*, (1997), ils ont signalé que l'adhérence des barres d'acier est plus forte que celle des barres de PRFV.

Katz *et al.*, (1999) ont testé différents types de barres de PRF par l'essai d'arrachement à des températures allant jusqu'à 250°C. Des valeurs importantes de résistance d'adhérence ont été obtenues à la température ambiante (entre 11 et 13 MPa). Ces valeurs sont plus ou moins égales à celle obtenues pour les barres d'acier (11 MPa). Ils ont observé que les barres de PRF sont trop sensibles à la température élevée, vu que l'adhérence se basant principalement sur le traitement de polymère à la surface de la barre.

Katz (2000) a également étudié l'effet du chargement cyclique sur le mécanisme d'adhérence entre le FRP et le béton. Les résultats montrent une réduction de la résistance d'adhérence après le chargement cyclique. Les propriétés mécaniques et physiques de la couche externe des barres de PRF ont un effet important sur l'adhérence. Dans le cas où la couche externe de la barre est faite du même polymère que celui de la barre et avec de bonnes propriétés mécaniques, une bonne adhérence a été atteinte. Ces propriétés ont été également conservées après le pré-chargement par une charge cyclique, mais une réduction d'environ 20% dans la résistance d'adhérence a été constatée. Dans le cas où la couche externe de la barre est faite d'un polymère différent de celui de la barre et avec de faibles propriétés mécaniques, de mauvaises adhérences ont été obtenues, et le comportement de l'arrachement est devenu plus fragile [Katz, 2000].

Mutsuyoshi *et al.,* (2004) ont développé des nouvelles barres en PRF en utilisant des résines résistantes à la chaleur pour les employer dans les structures en béton afin de se prémunir en cas d'incendie. Les expériences ont été faites en deux phases. Dans la première phase, ils ont examiné l'essai d'arrachement sous haute températures pour clarifier le comportement à l'interface béton/barre de PRF. Alors que dans la deuxième, ils ont étudié le comportement flexionnel des poutres en béton armé de barres en PRF sous chargement monotonique, les résultats de cet essai seront présentés dans la section suivante. Six séries de tests d'arrachement ont été réalisées à des températures différentes en utilisant trois types d'armatures, y compris les barres ordinaires en PRF avec la résine d'époxy, les barres d'acier et les nouvelles barres en PRF résistantes à la chaleur imprégnées dans une résine de phénol (PH) et de la polymonoamide (CP3). La résistance à la compression du béton a été trop élevée de 40 MPa au 14ème jour. La taille maximale des agrégats était de 20mm. Des éprouvettes cylindriques de béton ont été utilisées de dimensions de 150 mm de diamètre et 300 mm de hauteur. Elles ont été renforcées chacune par une barre d'armature axiale. La longueur de liaison était de 44 mm pour toutes les barres d'essai. La température a été variée de 20 à 350 °C.

Les résultats obtenus montrent que l'adhérence des barres ordinaires de PRF dépend fortement de la température. A haute température l'adhérence a été extrêmement détériorée. Cependant, les nouvelles barres de PRF ont montré de meilleures caractéristiques d'adhérence, leur contrainte maximale d'adhérence à 300°C est de 70% de celle à la température ambiante. Il a été constaté que les forces d'adhérence de chaque résine dépendent de sa température de transition vitreuse [Mutsuyoshi *et al.,* 2004].

Galati *et al.,* (2006) ont présenté une étude expérimentale réalisée sur des échantillons de béton armé de barre en PRF soumis à un cycle thermique d'une valeur maximale de 70°C afin de déterminer l'effet de l'augmentation des températures de service sur la performance de l'adhérence de ces éléments en variant l'épaisseur d'enrobage du béton (19, 29 et 148 mm).

Après le traitement thermique, au total de 36 éprouvettes cubiques de 152 mm de côté et trois différentes épaisseurs d'enrobage (19, 29, et 148 mm) ont été testés sous l'essai d'arrachement direct à la température ambiante. Les résultats montrent que les éprouvettes traitées thermiquement atteignent la même valeur de la résistance d'adhérence que les éprouvettes non traitées, mais avec des valeurs de glissement plus grandes. La rupture d'adhérence dans ce cas est causée par le cisaillement initié entre la matrice et les fibres de la barre. Ils ont observé que l'affaiblissement dû au traitement thermique est plus apparent lorsque l'enrobage du béton est faible. Ce comportement peut être expliqué par la propagation des microfissures de plus en plus dans le béton lorsque l'enrobage du béton est faible. Ces microfissures sont induites par les contraintes de traction circonférentielles engendrées par la différence entre le coefficient d'expansion thermique (CET) des barres de PRFV et celui du béton.

Arias *et al.,* (2012) a confirmé que l'utilisation de sable fin comme élément de traitement de surface des barres lisse en FRP, conduit à une augmentation significative de l'adhésion chimique entre la barre et le béton due à l'augmentation de la surface de contact.

Comportement flexionnel

Dans la grande majorité des applications structurales impliquant les polymères renforcés de fibre de verre dans les éléments soumis à la flexion, la conception structurelle est gérée par l'état limite de service de la flèche. Pour assurer une résistance adéquate et de bonne performance au service pour ces éléments dans les climats chauds, il est nécessaire, mais souvent insuffisant, d'utiliser des matériaux polymériques pour lesquels la valeur de la température de transition vitreuse (*Tg*) est supérieure à la température de service. Pour les matériaux composites utilisés dans la réhabilitation des structures existantes, il est recommandé que la température *Tg* doive être supérieure à la température de service par 30°C au minimum [Engindeniz et Zureick, 2008]

Mutsuyoshi *et al.,* (2004), qui ont mis au point des nouvelles barres de PRF en utilisant des résines résistantes à la chaleur, ont étudié également le comportement en flexion des poutres en béton renforcé de PRF sous une charge monotone. Deux séries de poutres, simplement appuyées, en béton renforcé de barre en PRF de *C-PH* et *A-PH* (carbone-phénol et aramide -

phénol) ont été testées à la température ambiante et à une température de 200°C. Les dimensions géométriques et la disposition des armatures ont été conçues pour avoir un comportement en flexion dominant. La section transversale des poutres était de 100 mm x 200 mm et la longueur était de 2000 mm. Des barres en acier doux de 6 mm de diamètre ont été utilisées comme des étriers et comme des armatures supérieures pour soutenir les barres de PRF. Toutes les poutres ont été soumises à des essais de flexion à quatre points identiques. Les courbes charge – flèche des poutres renforcées de barres de PRF de carbone (PRFC) avec la résine de phénolique sous une température de 200°C sont presque semblables que celles des poutres testées sous la température ambiante. Pour la même flèche, la charge a été légèrement réduite. Ceci est dû à la dégradation de l'adhérence causée par l'augmentation de température.

M. Elbadry et Elzaroug, (2004) a présenté une étude expérimentale sur le comportement des dalles en béton armé de différents types de barres de PRF sous l'effet des gradients thermiques. Sept échantillons de dimensions de 500×250×3350 mm ont été testés pour étudier les effets des caractéristiques thermiques du PRF sur le développement des contraintes thermiques et la fissuration et aussi pour examiner l'efficacité de ce type de renforcement dans le contrôle de la fissuration due à la température. Pour éliminer l'effet du poids-propre les dalles ont été tournées de 90°. Les gradients thermiques ont été produits par le chauffage du côté comprimé de la dalle avec des lampes infrarouges. La face tendue de la dalle a été exposé à la température ambiante. Les faces supérieure et inférieure ont été isolées thermiquement. Les extrémités de la dalle ont été bloquées afin de créer un moment constant le long de l'élément testé. Le moment de flexion et la fissuration engendrée par les gradients thermiques ont été surveillés. Les déformations, la largeur et l'espacement des fissures ont été enregistrés. Les résultats sont comparés à ceux obtenus d'un test sur des dalles de mêmes dimensions mais renforcées par des barres en acier [Ariyawardena *et al.*, 1997]. Les résultats expérimentaux montrent que le coefficient d'expansion thermique transversale élevé de PRFV crée des contraintes de traction dans le béton autour de l'armature pour les hautes températures. Le comportement thermique des dalles testées renforcées en PRFC (Leadline) était meilleur que celui des dalles renforcées en PRFV et en acier. Les dalles renforcées en Leadline ont montrées une rigidité plus grande que celles renforcées en acier, en particulier à hautes températures. L'espacement entre les fissures résultantes de la température a été presque le même pour tous les types de renforcement utilisés dans cette étude pour le même rapport de renforcement.

Laoubi *et al.,* (2006) ont examiné le comportement de 21 poutres en béton renforcé de barres en PRFV recouverte de sable, de dimensions 180x130x1800 mm. Ils ont étudié l'effet individuel et l'effet couplé de cycles de *Gel/Dégel* et une charge de flexion soutenue sur le comportement à long terme des poutres. Ces poutres ont été exposées à 100, 200 et 360 cycles de *Gel/Dégel* (-20°C à +20°C). La contrainte atteinte au niveau de la barre représente 27% de sa résistance ultime. Les poutres conditionnées ont été testées jusqu'à la rupture par l'essai de flexion à quatre points. Les résultats des tests montrent que l'effet individuel et l'effet couplé de cycles de *Gel/Dégel* et une charge de flexion soutenue sont insignifiants sur le comportement des poutres testées en termes des flèches, des déformations, et de la capacité ultime.

M. Elbadry et Osman, (2009) ont étudié six dalles en béton armé de 3000x3000x150 mm de dimensions, soumis à un gradient thermique à travers l'épaisseur. Trois spécimens ont été renforcés avec des différentes barres de PRFV, un spécimen a été renforcé avec une grille en PRFV, un autre spécimen a été renforcé avec des barres de PRFC, et l'échantillon restant a été renforcé par des barres d'acier conventionnelles. Les spécimens ont été ferraillés par les mêmes taux d'armatures. Tous les spécimens ont été simplement appuyés aux coins et testés en trois étapes: 1) sous l'effet des gradients thermiques croissants produits par le chauffage de la surface supérieure par des lampes infrarouges et en refroidissant la surface inférieure par des ventilateurs industrielle convenable ; 2) sous l'effet d'un gradient thermique décroissante résultant du refroidissement du spécimen à la température ambiante; 3) sous l'effet d'une charge mécanique concentrée au milieu qui progresse graduellement jusqu'à la rupture. Les barres supérieures et inférieures ont eu un enrobage du béton de 20 mm. La résistance du béton à la compression varie entre 31 et 39 MPa. Une différence de température maximale de 120°C à 140°C au-dessus de la température ambiante a été enregistrée. La première fissure s'est produite à une différence de température de 20 à 35°C, conformément aux valeurs rencontrées par certaines structures dans des conditions de service. Le comportement global de la dalle renforcée en PRFC a été meilleur que celui des dalles renforcées en PRFV. Ceci est dû au coefficient d'expansion thermique beaucoup plus petit de PRFC et de son module d'élasticité élevé. Pour les hautes températures et avec un pourcentage d'armature variant 0,3 et 0,4%, la largeur moyenne des fissures dans la dalle renforcée en FRPC était de 0,30 mm. Tandis que celle des dalles renforcées en PRFV était de 0,35 à 0,50 mm, et 0,25 mm pour la dalle renforcée en acier. Dans le cas de chargement mécanique, le comportement thermique des dalles testées a eu peu d'effet sur la capacité ultime ou le mode de rupture des dalles.

O. El-Zaroug *et al.*, (2007) ont construit et testé six dalles en béton armé de PRF de verre (PRFV) (divisé en deux séries B et D) de dimensions de 500 x 150 x 2800 mm. Les dalles ont été renforcées longitudinalement par des barres en PRFV de 12,7 et 15,8 mm de diamètre nominal. Aucune armature transversale n'a été utilisée. Les paramètres variables utilisés sont le pourcentage d'armature, le diamètre des barres, l'espacement entre les barres, l'enrobage du béton et la disposition des barres de PRFV. Deux valeurs d'épaisseurs d'enrobage du béton ont été utilisées de valeur de 20 et 25 mm pour les dalles renforcées de barres de PRFV de diamètre de 12,7 mm et 15,8 mm, respectivement. Chaque dalle simplement appuyée est soumise à une charge concentrée distribuée en deux points et incrémentée jusqu'à la rupture. Avant le chargement mécanique, les dalles de la série B ont été soumises à un cycle thermique, tandis que les dalles de la série D ont été soumises à neuf cycles thermiques. Les gradients thermiques ont été produits par le chauffage de la face inférieure (face tendue) au moyen de neuf lampes infrarouges. La température a été augmentée progressivement par des incréments de 15°C à partir de 20°C jusqu'à 100°C pour les spécimens de la série B. Les dalles de la série D ont été soumises à plusieurs cycles de chauffage/refroidissement de 100°C à la température ambiante respectivement. Après les cycles thermiques, les deux séries de dalles ont été soumises à l'essai de flexion à quatre points, à la température ambiante jusqu'à la rupture. Les résultats expérimentaux montrent que l'effet thermique peut influencer sur l'adhérence entre le béton et les barres de PRFV sous les hautes températures, particulièrement, si le diamètre de la barre est grand et l'enrobage du béton est petit. Ceci est dû à l'incompatibilité thermique transversale entre le béton et la barre de PRFV. Les résultats montrent aussi que l'espacement des barres a un rôle majeur dans la réduction de la largeur des fissures dans les dalles chargées thermiquement. Il semble que la capacité portante des dalles a été affectée par la disposition des armatures et aussi par l'espacement des barres. Les cycles thermiques influent considérablement sur le comportement en fissuration des dalles renforcées de barres en PRFV et conduisent à leur décollement. La capacité ultime des dalles de la série D, soumises à 9 cycles thermiques, est supérieure à celles de la série B. Ceci peut être attribué à la résistance du béton qui est plus grande pour les dalles de la série D (ces dalles ont été coulées cinq mois avant celles de la série B).

Zaidi et Masmoudi, (2006) ont examiné des dalles à une échelle réelle en béton armé de barres en PRFV afin d'étudier leur comportement thermique sous une température variant de -30°C à +80°C. Cette étude permet, éventuellement, de déterminer le rapport minimal d'épaisseur d'enrobage du béton au diamètre de la barre en PRF (c/d_b) afin d'éviter la rupture d'enrobage du béton des dalles réelles sous une charge thermique. Les résultats expérimentaux montrent que la rupture d'enrobage de béton est produite à une température variant de 50°C à +60°C pour les dalles ayant un rapport d'épaisseur d'enrobage du béton au diamètre de la barre en PRF (c/d_b) inférieur ou égal à 1,4. Un rapport c/d_b supérieur ou égal à 1,6 semble être suffisant pour éviter la rupture d'enrobage de béton des dalles pour une température allant jusqu'à +80 °C. Aussi, les premières fissures apparaissent à l'interface de la *barre de FRP/béton* à une température autour de 40°C.

L'effet du rapport (c/d_b) a été étudié aussi par H. Vogel et Svecova, (2004) pour déterminer théoriquement la valeur nécessaire de ce rapport afin d'éviter la dégradation d'adhérence et le phénomène de décollement des barres en PRF dans les éléments de béton armé soumises à des variations thermiques. Le modèle théorique est basé sur l'analyse de contraintes planes axisymétriques d'une barre en PRF transversalement isotrope centrée dans un cylindre en béton. Les deux matériaux ont des constants thermo- élastiques différents. En Basant sur les résultats d'analyse linéaire élastique, l'auteur a observé que l'augmentation du rapport c/d_b au-delà d'une valeur de 3,5 ne redistribue pas suffisamment les contraintes circonférentielles dans l'enrobage pour réduire la possibilité de l'apparition des fissures. Pour un rapport c/d_b considéré, la variation de température provoquant l'initiation de fissures dans l'enrobage pour une analyse non-linéaires par éléments finis (utilisant le Logiciel ADINA) est légèrement plus élevée que celle obtenue par une analyse élastique linéaire. Cela est principalement dû au fait que l'analyse par éléments finis distribue les contraintes uniformément dans le béton d'enrobage en provoquant des contraintes circonférentielles plus faibles à l'interface *barre PRF/béton*. Cependant, la variation de température provoquant le phénomène de décollement pour un rapport c/d_b considéré, obtenue par une analyse non-linéaire, est plus faible que celle obtenue par une analyse élastique linéaire. L'écart entre les deux résultats augmente avec le rapport c/d_b. Ceci est dû à l'intégration des modèles non-linéaires pour le comportement du béton dans l'analyse par éléments finis.

2.6.3 Contraintes thermique à l'interface

Afin de déterminer les déformations thermiques et les contraintes dues à la pression radiale (P) exercée par la barre en PRF sur l'enrobage de béton sous l'augmentation de la température ΔT, Rahman *et al.,* (1995) ont développé un modèle analytique basé sur la théorie d'élasticité de Timoshenko (1970) appliquée sur un cylindre en béton armé de barre en PRF centré au milieu et soumis uniquement à des charges thermiques. L'expression de la pression radiale est donnée par :

$$P = \frac{\Delta_a}{\frac{a}{E_c}\left(\frac{r^2+1}{r^2-1}+v_c\right)+\frac{a}{E_{ft}}(1-v_{tt})} \qquad (2.11)$$

Où $\frac{\Delta_a}{a}$ est la déformation différentielle qui survient dans l'absence de couplage entre les déformations transversales du béton et celles de la barre de PRF.

Aiello *et al.,* (2001), Masmoudi *et al.,* (2005) et Zaidi et Masmoudi, (2008) ont développé un modèle analytique basé sur la même théorie. L'expression de la pression radiale est donnée par:

$$P = \frac{\left(\alpha_t-\alpha_c\right)\Delta T}{\frac{1}{E_c}\left(\frac{r^2+1}{r^2-1}+v_c\right)+\frac{1}{E_{ft}}(1-v_{tt})} \qquad (2.12)$$

Le chapitre 6 de cette thèse contient un développement plus détaillé de ce modèle, en incluant l'effet de la force axiale sur le cylindre.

2.7 Synthèse

La revue de littérature sur le comportement des éléments structuraux en béton armé de barres en PRF sous l'effet de température nous a permis de conclure que ces études n'ont pas donné une explication claire de l'influence de la température sur le comportement de ces éléments. A l'exception de l'étude de Mutsuyoshi *et al.*, (2004) qu'ont réalisé des barres de PRF novatrice ayant des propriétés thermiques très élevées. Leurs résultats ont montré que la température n'a pas un effet significatif sur le comportement des éléments renforcés par ces barres. D'une part, les études qui ont confirmé l'effet négatif de la température sur les éléments renforcés de barres en PRFV n'ont pas pris en compte la combinaison des charges thermiques et mécaniques ainsi les conditions de service [Elbadry et Elzaroug, 2004; Zaidi, 2006; El-Zaroug, 2007; Elbadry et Osman, 2009]. D'autre part, les études qui ont pris en compte l'effet couplé de cycles de *Gel/Dégel* et de la charge mécanique sur le comportement des poutres ont confirmé que ces effets sont insignifiants [Laoubi *et al.*, 2006]. Mais cette étude n'avait pas étudié l'effet de la haute température d'un côté, et d'autre coté la durée du cycle de *Gel/Dégel* ne permet pas à la température d'atteindre les valeurs extrêmes (-20 et +20°C) à l'interface *Barre/Béton*. Par conséquent, les barres de renforcement n'ont pas été soumises à des températures extrêmes (-30 à 60°C).

Par conséquent, il est nécessaire de réaliser une étude détaillée sur le comportement des éléments en béton renforcé de barres en PRFV, à une échelle réelle, sous des conditions de service réelles. C'est-à-dire, sous une charge mécanique de service (de 20 à 30% de la résistance ultime) et sous une variation de température semblable à la température terrestre, dans les régions de conditions climatiques très rudes (de -30 à 60°C).

CHAPITRE 3
MÉTHODE ÉXISTANTE DE CONCEPTION DES DALLES EN BÈTON ARMÈ DE BARRE EN PRF

3.1 Introduction

Bien que l'étude de comportement en flexion et à l'effort tranchant des dalles en béton armé repose sur les mêmes hypothèses de calcul utilisées pour l'armature en acier. Les différences significatives entre les propriétés mécaniques des barres en PRF et celles des barres en acier nécessitent un rappel des hypothèses et notions de calcul du béton armé conventionnel. En particulier, le manque de ductilité des matériaux composites à base de PRF, dû à son comportement élastique linéaire, doit être pris en compte dans la procédure de calcul des éléments renforcés par ces matériaux. Le calcul des sections en béton armé de barre en PRF s'appuie sur une philosophie de conception à l'état limite unifié. Afin de garantir une bonne résistance et pour déterminer le mode de rupture (CSA S806-12), les états limites de service tels que la flèche, la largeur des fissures et les niveaux de contrainte sous des charges soutenues ou de fatigue sont alors vérifiés. En raison de faible rigidité des sections en béton renforcé de barres en PRF comparativement à celles renforcées de barres d'acier, la vérification des états limites de service contrôle habituellement le calcul de ces sections. Ce chapitre présente la formulation utilisée pour le dimensionnement des dalles étudiées dans ce projet, en tenant compte les recommandations du code CSA S806-12, du guide ACI 440. 1R-06 et du manuel N°3 de l'ISIS 2007.

3.2 Lois de comportement du béton

3.2.1 Comportement en compression

Le comportement du béton en compression peut être déterminé par le modèle proposé par Collins et Mitchell (1997). La courbe montrée à la figure 3.1 est utilisée pour décrire la relation entre la contrainte, f_c, et la déformation correspondante à cette contrainte, ε_c. Cette relation est donnée par l'expression suivante :

$$\frac{f_c}{f'_c} = \frac{n\left(\dfrac{\varepsilon_c}{\varepsilon_o}\right)}{n-1+\left(\dfrac{\varepsilon_c}{\varepsilon_o}\right)^{nk}} \tag{3.1}$$

ε_0 : Déformation du béton correspondant à f'_c. $\varepsilon_o = \dfrac{f'_c}{E_c}\dfrac{n}{n-1}$

n : Coefficient d'ajustement de la courbe. Pour un béton normal : $n = 0{,}8 + \dfrac{f'_c}{17}$;

f'_c : Résistance du béton à la compression, en MPa

E_c $= f'c/\varepsilon_0$

E_c : Module d'élasticité du béton, en MPa

k : Coefficient de réduction de la contrainte, égal à 1,0 pour $\varepsilon_c/\varepsilon_0 < 1{,}0$ et plus grand que

1,0 pour $\varepsilon_c/\varepsilon_0 > 1{,}0$. $k = 0{,}67 + \dfrac{f'_c}{62} > 1{,}0$, f'_c est en MPa

3.2.2 Résistance en traction

Avant fissuration, le béton est supposé se comporter comme un matériau élastique. Le module de rupture, f_r, peut être déterminé avec l'équation suivant :

$$f_r = 0{,}6\lambda\sqrt{f'_c} \qquad \text{(CAN/CSA-S806-12)} \tag{3.2}$$

$$f_r = 0{,}62\sqrt{f'_c} \qquad \text{(ACI 440-1R-06)} \tag{3.3}$$

f'_c : Résistance en compression du béton, en MPa

λ : Coefficient tenant compte de la densité du béton ($\lambda = 1{,}0$ pour un béton de densité normale) (Clause 8.3.2.8)

44

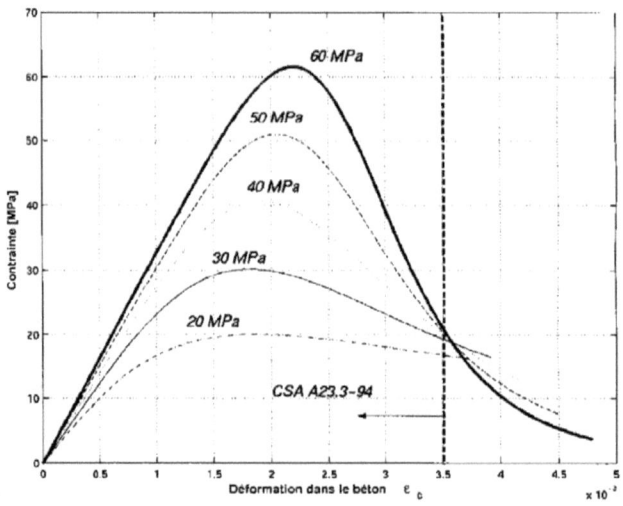

Figure 3.1   Courbes contrainte/déformation du béton (ISIS-M°3-2007)

3.2.3 Module d'élasticité

Pour un béton de masse volumique, γ_c, compris entre 1500 et 2500 kg/m^3, le module d'élasticité peut être calculé, selon CSA A23.3-94, comme suit :

$$E_c = (3300\sqrt{f'_c} + 6900)\left(\frac{\gamma_c}{2300}\right)^{1,5} \tag{3.4}$$

Le module d'élasticité d'un béton de densité normale ayant une résistance en compression entre 20 et 40 MPa, est défini par :

$$E_c = 4500\sqrt{f'_c} \qquad \text{(CSA A23.3-94)} \tag{3.5}$$

$$E_c = 4750\sqrt{f'_c} \qquad \text{(ACI 440-1R-06)} \tag{3.6}$$

Bischoff et Gross (2011) ont montré qu'une valeur de E_c, calculé par l'Éq. (3.7), donne une estimation raisonnable de la flèche.

$$E_c = 4730\sqrt{f_c'}$$ (3.7)

3.3 Calcul des dalles en béton renforcé de barres en PRF

3.3.1 Épaisseur minimale

L'épaisseur minimale recommandée pour la conception des poutres et des dalles unidirectionnelles est présentée au Tableau 3.1. Les valeurs données au Tableau 3.1 sont utilisées uniquement pour le pré-dimensionnement, la justification de la flèche n'est pas nécessairement satisfaite. Les valeurs données au Tableau 3.1 sont basées sur la limitation du rapport portée/épaisseur (l/h), correspondant à la limitation de la courbure, donnée par la relation suivante :

$$\frac{l}{h} = \frac{48\eta}{5K_1}\left(\frac{1-k}{\varepsilon_f}\right)\left(\frac{\Delta}{l}\right)_{max} \quad \text{(ACI 440.1R)}$$ (3.8)

Où :

$$\eta = d/h$$ (3.9)

$$k = \sqrt{2n_{prf}\cdot\rho_{prf} + (n_{prf}\cdot\rho_{prf})^2} - n_{prf}\cdot\rho_{prf}$$ (3.10)

n_{prf} : Rapport du module d'élasticité des PRF à celui du béton (E_{prf}/E_c) ;

ε_f : Déformation de l'armature de PRF (à mi- travée) sous une charge de service;

$(\Delta/\ell)_{max}$: Rapport de flèche/portée due à la charge de service;

K_1 : Paramètre tenant compte les conditions d'appuis, donné au Tableau 3.1.

ρ_{prf} : Taux d'armature de PRF $= A_f/b_w.d$;

d : Distance entre le centre de gravité des armatures tendu et la fibre extrême du béton comprimé ;

b_w : Largeur de l'âme de la section de béton, mm ;
A_f : Section de l'armature en PRF, mm².

46

Tableau 3.1 Épaisseur minimale recommandée pour les poutres et les dalles unidirectionnelles non-précontraintes [ACI 440.1R-06].

	Appui simple	Une extrémité continue	Deux extrémités continues	Porte-à-faux
Dalle unidirectionnelle pleine	$l/13$	$l/17$	$l/22$	$l/5.5$
Poutres	$l/10$	$l/12$	$l/16$	$l/4$
K_1	1.0	0.8	0.6	2.4

3.3.2 Épaisseur d'enrobage minimum

Selon le code CAN CSA S6-06, l'épaisseur minimale de l'enrobage de béton doit être de 35 ± 10 mm. Le Tableau 3.2 donne les épaisseurs d'enrobage toléré selon le type d'élément et le type d'exposition [ISIS-M3, 2007].

Tableau 3.2 Épaisseur d'enrobage de béton pour les barres d'armature en PRF de flexion [ISIS-M3, 2007].

Type d'exposition	Poutre	Dalle
Intérieure	Maximum ($2,5\ d_b$, ou 40 mm)	Maximum ($2,5\ d_b$, ou 20 mm)
Extérieure	Maximum ($2,5\ d_b$, ou 50 mm)	Maximum ($2,5\ d_b$, ou 30 mm)

3.3.3 Calcul à la flexion

Selon le Code CAN/CSA-S806-12

Comme spécifié au Code CAN/CSA-S806-12, toutes les sections de béton renforcé de PRF doivent être conçues de telle manière que la rupture de la section aura lieu par écrasement du béton comprimé. Donc, le taux de l'armature tendue en PRF doit être supérieur au taux de l'armature tendue correspondant aux conditions équilibrées ($\rho_{prf} > \rho_{prfb}$). La méthode de calcul est basée sur l'hypothèse que les sections planes avant déformation restent planes après déformation. Ceci porte donc à considérer que la distribution des contraintes (ou des déformations) sur la profondeur de la section est linéaire. Le concept de compatibilité des

47

déformations est utilisé pour le calcul du moment résistant et la contrainte dans l'armature en PRF, en négligeant la résistance à la traction du béton. La déformation maximale de la fibre extrême du béton comprimé est supposée égale à 0,0035 (Clause 8.4.1).

Il faut prévoir une section d'armatures minimale afin d'éviter la rupture immédiate après la fissuration du béton, et donc le moment résistant, M_r, doit être au moins 50 % plus grand que le moment de fissuration M_{cr} (Clause 8.4.2.1).

$$M_r \geq 1,5\ M_{cr} \tag{3.11}$$

$$M_{cr} = \frac{f_r I_t}{y_t} \tag{3.12}$$

Avec :

$$I_t = \frac{bh^3}{12} + bh\left(y_t - \frac{h}{2}\right)^2 + (n_{prf} - 1)A_{prf}(y_t - d_c)^2 \tag{3.13}$$

$$y_t = \frac{bh\left(\frac{h}{2}\right) + (n_{prf} - 1)A_{prf}.d_c}{bh + (n_{prf} - 1)A_{prf}} \tag{3.14}$$

Où f_r : est la résistance à la traction calculée par l'Éq. (3.2)

I_t : Moment d'inertie de la section de béton transformée non fissurée, mm^4

y_t : Distance entre le centre de gravité de la section du béton non-fissuré et la fibre extrême du béton tendu, mm.

d_c : Distance entre le centre de gravité des armatures tendues et la fibre extrême du béton tendu ($d_c = c + d_b/2$), mm

c : épaisseur d'enrobage de béton.

Si l'Éq. (3.11) n'est pas satisfaite, le moment résistant, M_r, doit être au moins 50 % plus grand que le moment dû aux charges pondérées, M_u (Clause 8.4.2.2).

$$M_r \geq 1,5\ M_u \tag{3.15}$$

Pour les dalles, une section minimale de renforcement de ($400 A_g / E_{prf}$) doit être utilisée dans les deux directions orthogonales. Cette section doit être supérieur ou égale à 0,0025 A_g, avec un espacement des barres au moins égal à : min {3h, 300 mm}

Où A_g : Section brute du béton

E_{prf} : Module élastique du PRF.

h : Épaisseur de la dalle.

Selon la Clause 8.4.1.3 de CAN/CSA-S6-06, à l'absence de données plus précises, le coefficient de dilatation thermique linéaire du béton doit être pris égal à 10×10^{-6}/°C. Le coefficient de Poisson pour les déformations élastiques du béton doit être pris égal à 0,2 (Clause 8.4.1.4).

Selon le Code ACI 440.1R-06

La philosophie de calcul des éléments flexionnels indique que le moment pondéré dans une section, M_u, doit être inférieur au moment résistant, M_r, multiplié par un facteur de réduction de résistance, φ.

$$\varphi.M_r \geq M_u \qquad (3.16)$$

Le moment résistant est calculé en se basant sur le principe de comptabilité de déformation, l'équilibre des forces interne, et le mode de rupture désiré (ISIS-M°3-2007) (ACI 440.1R-06). La déformation maximale du béton comprimé est supposée égale à 0,003 (Clause 8.1.2).

La valeur de facteur φ peut être calculée par l'Éq. 3.17, il dépend du mode de rupture. Il est pris égal à 0,65 pour les sections contrôlées par l'écrasement du béton, et 0,55 pour les sections contrôlées par la rupture de la barre de PRF (Clause 8.2.3).

$$\varphi = \begin{cases} 0,55 & \text{pour} : \rho_{prf} \leq \rho_{prfb} \\ 0,3 + 0,25 \dfrac{\rho_{prf}}{\rho_{prfb}} & \text{pour} : \rho_{prfb} < \rho_{prf} < 1,4\rho_{prfb} \\ 0,65 & \text{pour} : \rho_{prf} \geq 1,4\rho_{prfb} \end{cases} \qquad (3.17)$$

Le mode de rupture peut être déterminé en comparant le taux de l'armature tendue de PRF (ρ_{prf}) au taux de l'armature tendue correspondant à la section équilibrée (ρ_{prfb}). Lorsque $\rho_{prf} >$

ρ_{prfb}, la rupture d'élément est initiée par écrasement du béton, sinon, la rupture de l'élément est initiée par la rupture de la barre de PRF, où :

$$\rho_{prfb} = 0,85\beta_1 \frac{f'_c}{f_{fu}} \frac{E_{prf}.\varepsilon_{cu}}{E_{prf}.\varepsilon_{cu} + f_{fu}} \qquad (3.18)$$

Où β_1 : Facteur qui prend la valeur de 0,85 lorsque la résistance du béton est inférieure ou égale à 28 MPa. Pour les valeurs de contrainte supérieures à 28 MPa ce facteur se réduit par 0,05 pour chaque 7 MPa, mais ne peut jamais être inférieur à 0,65.

f'_c : Résistance en compression du béton, MPa ;

E_{prf} : Module élastique du PRF, MPa;

ε_{cu} : Déformation ultime de compression du béton ;

f_{fu} : Résistance de traction des barres de PRF, MPa.

Si l'élément est conçu pour avoir une rupture par traction des armatures de PRF, la section minimale d'armature de PRF devrait être prévue pour éviter la rupture lors de la fissuration du béton. Ceci est obtenu en satisfaisant la condition suivante (Clause 8.2.4):

$$\varphi. M_r \geq M_{cr} \qquad (3.19)$$

Où M_{cr} est le moment de fissuration calculé par l'Éq. (3.12).

La section des armatures minimale peut être calculée par :

$$A_{f,\min} = \frac{4,9\sqrt{f'_c}}{f_{fu}} b_w d \geq \frac{330}{f_{fu}} b_w d \qquad (3.20)$$

b_w : Largeur de l'âme de la section de béton, mm ;

d : Distance entre la fibre extrême du béton comprimé et l'axe neutre des armatures, mm.

Si l'élément est conçu pour avoir une rupture par écrasement du béton, la section minimale des armatures de PRF est automatiquement satisfaite.

Moment résistant

Le moment résistant ultime, M_r, pour les sections sur- armées est obtenu en considérant le mode de rupture par écrasement du béton et le principe de compatibilité de déformation.

$$M_r = T\,(d - \beta_1\,c/2) \qquad (3.21)$$

β_1 : Rapport de la profondeur du bloc de contrainte de compression rectangulaire équivalent à la profondeur de l'axe neutre, donné par l'équation suivante (CAN/CSA-S806-12, Clause 8.4.1.5) :

$$\beta_1 = 0,97 - 0,0025\, f_c' \geq 0,67$$

c : Distance entre la fibre extrême en compression et l'axe neutre, obtenue en réalisant l'équilibre des forces internes (de traction, T, et de compression, C) dans la section par des itérations successives. Où :

$$T = A_f \varphi_f f_f \qquad (3.22)$$

$$C = \alpha_1 \phi_c f_c' \beta_1 cb \qquad (3.23)$$

A_f Aire de l'armature tendue en PRF, mm²
ϕ_f Coefficient de tenue de l'armature en PRF
ϕ_c Coefficient de tenue du béton
α_1 Rapport de la contrainte moyenne dans le bloc de compression rectangulaire à la résistance en compression spécifiée du béton, donné par l'équation suivante (CAN/CSA-S806-12, Clause 8.4.1.5) :

$$\alpha_1 = 0,85 - 0,0015\, f_c' \geq 0,67$$

b Largeur de la zone comprimée de la section, mm
c Distance entre la fibre extrême du béton comprimé et l'axe neutre, mm
f_f Contrainte de traction dans l'armature en PRF à la rupture de la section par écrasement du béton, laquelle est plus petite que la contrainte ultime de traction de l'armature. La formule proposée par le manuel ISIS-M°3-2007 est donnée par l'Éq. 3.24 . Cependant l'ACI 440-1R-06 propose l'Éq. 3.25 :

$$f_f = 0,5 E_{prf} \varepsilon_{cu} \left[\left(1 + \frac{4\alpha_1 \beta_1 \phi_c f_c'}{\rho_{prf} \phi_f E_{prf} \varepsilon_{cu}} \right)^{1/2} - 1 \right] \qquad (3.24)$$

$$f_{\mathrm{f}} = \left(\sqrt{\frac{\left(E_{prf} \varepsilon_{\mathrm{cu}} \right)^2}{4} + \frac{0,85 \beta_1 f`_{\mathrm{c}}}{\rho_{prf}} E_{prf} \varepsilon_{\mathrm{cu}}} - 0,5 E_{prf} \varepsilon_{\mathrm{cu}} \right) \le f_{\mathrm{fu}} \qquad (3.25)$$

Il est à noter que les coefficients de tenue du béton et de la barre (φ_c et φ_f), utilisés pour sous-estimer la résistance du béton et des barres de PRF, n'ont pas été pris en compte dans cette étude, afin de tenir compte la résistance réelle de l'élément.

3.3.4 Calcul au cisaillement

Les éléments soumis au cisaillement doivent être dimensionnés de telle sorte que l'effort tranchant pondéré, V_u, est inférieur à la résistance pondérée à l'effort tranchant, V_r. Selon ACI 318-05, la résistance nominale au cisaillement d'une section transversale en béton armé, V_n, est la somme de la résistance au cisaillement due à la contribution du béton, V_c, et la résistance au cisaillement due à la contribution des armatures transversale, V_s.

Dans notre cas, l'élément étudié ne comporte pas des armatures transversales (tels que les dalles, les semelles et les poutres avec une hauteur effective inférieure ou égale à 300 mm) la résistance V_r est prise égale à la résistance pondérée à l'effort tranchant due à la contribution du béton, V_c.

La résistance au cisaillement due à la contribution du béton des structures en béton armé de barres d'acier, est calculée par le code ACI 318-05 avec l'équation (3.26) :

$$V_C = 0,17 \sqrt{f'_C}\, b_w\, d \qquad \text{(unité U.S.)} \qquad (3.26)$$

Le guide de calcul ACI 440- 1R-06 se base sur la même équation (3.26) pour le calcul de la résistance à l'effort tranchant dans le cas des structures en béton armé avec des barres en PRF. Mais avec une réduction de la valeur de V_c par un facteur de ($5k/2$) afin de prendre en compte la différence de la rigidité axiale des barres d'armature en PRF par rapport à celle d'acier. Cette équation est donnée par :

$$V_C = \frac{2}{5}\sqrt{f_c'}\ b_w\,c \qquad \text{(unité S.I.)} \qquad\qquad (3.27)$$

$$V_C = 5\sqrt{f_c'}\ b_w\,c \qquad \text{(unité U.S.)}$$

Où :

$c = kd$ = profondeur de l'axe neutre de la section fissurée transformée, mm (k est défini dans la section 3.3.1.)

Cette réduction en V_c, de l'Éq.3.27, est basée sur l'utilisation des barres longitudinales en PRF, peu importe le type des armatures transversales adopté.

Bažant et Yu (2005) ont formulés, vérifiés et étalonnés une équation pour le calcul de la résistance au cisaillement basée sur la mécanique de rupture en utilisant les résultats d'une base de données de 398 tests sur des poutres en béton armé de barre d'acier. Cette équation a été utilisée par le guide ACI 318 – 11 et elle est donnée par :

$$V_n = 1{,}1\rho_s^{3/8}\left(1+\frac{d}{a}\right)\sqrt{\dfrac{f_c'}{1+\left(\dfrac{d}{687{,}5\sqrt{a_g}\,f_c^{-2/3}}\right)}}\ b_w\,c \qquad (3.28)$$

Où : ρ_s : Taux des armatures d'acier.

a : Portée de cisaillement « *shear span* », mm

a_g : Taille maximum des agrégats, mm

Vu que le mécanisme de rupture est similaire quel que soit le matériau de renforcement (acier ou PRF), l'Eq.3.28 a été évaluée par Matta et coll. (2013) en utilisant les résultats d'une base de données de 62 tests sur des poutres en béton armé de barres en PRF. Le rapport ρ_s a été remplacé par le taux de renforcement effective ρ_{eff} (égale à $\rho_{prf}E_{prf}/E_s$), ceci pour tenir compte de la rigidité faible des barres de PRF. Les résultats obtenus sont en bonne corrélation avec les résultats expérimentaux associés aux paramètres d'étude : la hauteur utile (d) et la quantité de renforcement ρ_{eff}.

Pour les sections dont la hauteur utile ne dépasse pas 300mm et ne subisse à aucune charge axiale, le code canadien CSA-S806-12 (Clause 8.4.4.5) spécifie l'équation suivante pour le calcul de V_c :

$$(\quad)$$ (3.29)

Tel que :

$$k_m = \sqrt{\frac{V_u d}{M_u}} \le 1.0$$ (3.30)

$$k_r = 1 + \left(E_{prf}\rho_{prf}\right)^{1/3}$$ (3.31)

La valeur de V_c calculé selon l'Éq.3.29 ne doit pas être prise plus que $0,22\phi_c\sqrt{f'_c}b_w d_v$ ni moins de $0,11\phi_c\sqrt{f'_c}b_w d_v$. Et f'_c ne doit pas dépasser 60 MPa.

Où :

λ : Facteur tenant compte de la densité du béton

ϕ_c : Facteur de résistance du béton.

k_m : Coefficient tenant compte de l'effet d'un moment à la section sur la résistance au cisaillement.

k_r : Coefficient tenant compte de l'effet de la rigidité de renforcement sur sa résistance au cisaillement.

b_w : Largeur de l'âme de la section de béton, mm

d : Distance entre la fibre extrême comprimée et le centre de gravité de la force de traction longitudinale, mm

d_v = Hauteur utile de cisaillement *"effective shear depth"*, = max { 0,9 d ; 0,72 h}

M_u = Moment pondéré, kN.m

V_u = Effort tranchant pondéré, kN.

E_{prf} = Module d'élasticité de PRF, MPa

ρ_{prf} = Taux d'armature longitudinale de FRP.

Pour les sections dont la hauteur utile est supérieure à 300 mm avec un renforcement transversal inférieur aux armatures transversales minimales, la valeur de V_c est celle donnée par l'Eq.3.29 multipliée par le facteur k_s donné par :

$$k_s = \frac{750}{450+d} \leq 1,0 \tag{3.32}$$

Le manuel de calcul ISIS-M°3-2007, propose l'équation suivante pour calculer la résistance au cisaillement due à la contribution du béton, V_c, des éléments en béton armé de barres en PRF sans armatures transversales (Ex. dalles et semelles de fondation) et des poutres dont leur hauteur utile ne dépasse pas 300 mm :

$$V_c = 0,2\lambda\varphi_c \sqrt{f'_c}\, b_w d \sqrt{\frac{E_{prf}}{E_s}} \tag{3.33}$$

Où : $\sqrt{\dfrac{E_{prf}}{E_s}} \leq 1,0$

E_s : Module d'élasticité de l'acier pris égale à 200 x 10³ MPa
E_{prf} : Module d'élasticité de PRF, MPa

Pour les sections dont leur hauteur utile est supérieure à 300 mm, l'Eq.3.33 devient :

$$V_c = \frac{260}{1000+d}\lambda\varphi_c \sqrt{f'_c}\, b_w d \sqrt{\frac{E_{prf}}{E_s}} \tag{3.34}$$

Où : $\sqrt{\dfrac{E_{prf}}{E_s}} \leq 1,0$

La rupture en cisaillement des éléments renforcés de barres en PRF est initiée soit en atteignant la capacité en traction des étriers (rupture en cisaillement – traction), soit par écrasement du béton (rupture en cisaillement – compression). Le premier mode est plus fragile, et le dernier provient de grandes déformations.

55

3.3.5 État limite de service

Les barres d'armature en PRF ont des résistances à la traction, f_{fu}, plus élevées que la limite élastique, f_y, communément utilisée pour les barres d'armature en acier. Cependant, le module élastique des barres d'armature en PRF, E_{prf}, est habituellement plus faible que celui de l'acier. Ce qui fait que la résistance en traction élevée de l'armature en PRF ne peut être pleinement utilisée dans les structures en béton armé. Dans ce cas, la conception d'éléments du béton armé d'armature en PRF est principalement contrôlée par la flèche et la largeur des fissures.

Pour les structures de béton armé conventionnel, la méthode de calcul adoptée est basée sur l'état limite de résistance, suivie d'une vérification à l'état limite de service, si nécessaire. Ce qui n'est pas le cas pour les éléments en béton armé de PRF. Les exigences pour limiter la largeur des fissures et la flèche sont cruciales dans ce genre d'éléments, car les grandes courbures survenant après la fissuration de l'élément entraînent des valeurs de déformations élevées dans l'armature en PRF.

Les critères de l'état limite de service (flèche et largeur de fissures), des sections en béton armé de PRF, sont généralement satisfaits lorsque le mode de rupture prévu se fait par écrasement de béton.

Flèche

Les barres en PRF ont un module d'élasticité, E_{prf}, relativement faible, comparé à celui de l'acier. Ainsi, les éléments armés avec des barres en PRF peuvent présenter des flèches plus excessives. Deux méthodes sont actuellement données pour le contrôle de la flèche des éléments flexionnels unidirectionnels :

- **Une méthode directe :** En adoptant une épaisseur minimale de l'épaisseur de l'élément. Les codes de calcul du béton armé spécifient un rapport portée/épaisseur de la membrure pour éliminer les flèches excessives (Tableau 3.1). Par un choix approprié de l'épaisseur (ou de la hauteur) minimum de la membrure et par l'adoption d'une contrainte admissible dans l'armature en PRF sous charges de service, le rapport de la portée à la flèche peut être le même que dans les membrures en béton armé d'acier.

- **Une méthode indirecte :** En exigeant une limite de la flèche calculée.

A- Calcul de la flèche par l'approche de la courbure

La norme CSA S806-02 recommande l'intégration de la courbure le long de la travée pour déterminer la flèche. Quand la courbure ψ est connue, le principe du travail virtuel peut être utilisé pour calculer la flèche des structures en béton soumises à des chargements par l'intégrale suivant [ISIS M3-2007] :

$$\delta = \int m \, \psi \, dx \qquad (3.35)$$

Cette technique ne tient pas compte l'effet de la rigidification de la zone tendue fournie par le renforcement de PRF. Plutôt, on propose l'utilisation du moment d'inertie de la section brute (I_g) et le moment d'inertie de la section fissurée (I_{cr}) pour représenter, respectivement, la rigidité des zones non fissurées et des zones fissurées de l'élément.

Bien que cette méthode produise également des prédictions conservatrices de la flèche, elle est généralement plus pénible à utiliser. Il est donc important de développer des méthodes de conception simplifiées pour évaluer la flèche des éléments en béton armé avec une précision acceptable. Pour les poutres soumises à la flexion simple à quatre-points, on peut utiliser la formule suivante :

$$\delta = \frac{Pl^3}{24 E_c I_{cr}} \left[3 \frac{a}{l} - 4 \left(\frac{a}{l} \right)^3 - 8\eta \left(\frac{l_g}{l} \right)^3 \right] \qquad (3.36)$$

$$\eta = 1 - \frac{I_{cr}}{I_g} \qquad (3.37)$$

Avec :

P : Force concentrée appliquée ;

E_c : Module élastique du béton ;

I_{cr} : Moment d'inertie de la section fissurée ;

I_g : Moment d'inertie de la section brute ;

a : Portée en cisaillement *(shear span)*

l : Portée de poutre ;

l_g : Longueur non-fissurée de la poutre (Figure 3.2)

$l_g = l_{g1} + l_{g2}$

On a: $l_{g1} = l_{g2}$

$$\frac{M_a}{M_{cr}} = \frac{a}{l_{g1}} \Leftrightarrow l_{g1} = a \, M_{cr} / M_a$$

Où : M_{cr} est le moment de fissuration (Éq. 3.12), et M_a est le moment de flexion à mi- travée des charges appliquées non pondérées, déterminé par:

$$M_a = \frac{ql^2}{8} + Pa \qquad (3.38)$$

Où : q représente le poids propre de l'élément, et P la force concentrée appliquée.

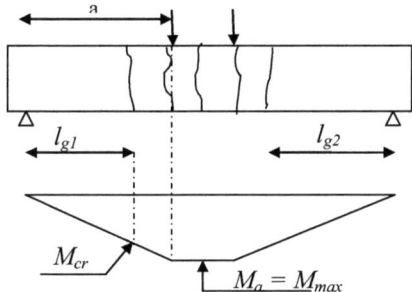

Figure 3.2 : Longueur non-fissurée d'une poutre.

Le moment d'inertie de la section brute I_g est donné par :

$$I_g = \frac{bh^3}{12} \qquad (3.39)$$

Le moment d'inertie de la section fissure transformée I_{cr} d'une section rectangulaire est donné par :

$$I_{cr} = \frac{b(kd)^3}{3} + n_{prf} \, A_f (d - kd)^2 \qquad (3.40)$$

Où k est calculé par l'Éq. 3.10.

n_{prf} : Rapport du module d'élasticité des PRF à celui du béton (E_{FEP} / E_c) ;

58

A_f : Section de l'armature en PRF, mm².

B- Calcul de la flèche par l'approche de moment d'inertie effectif

La mise en œuvre d'un modèle d'analyse élastique simple incluant en même temps le moment d'inertie effectif pour représenter la réduction de la rigidité d'un élément fissuré, a prouvé son efficacité dans la détermination des flèches à l'état de service des éléments en béton armé conventionnel. Ce modèle été également adopté pour les éléments en béton armé de barres en PRF.

Si la charge de service induit un moment de flexion inférieur au moment de fissuration, la flèche instantanée peut être évaluée en utilisant le moment d'inertie de la section de béton transformée non-fissurée, I_t. Si le moment de service excède le moment de fissuration, les normes recommandent l'utilisation du moment d'inertie effectif, I_e, pour calculer la flèche de l'élément de béton armé fissuré. Cette valeur est utilisée dans les équations de calcul de la flèche qui sont basées sur les théories de l'élasticité linéaire. Dans ce qui suit on présente les différentes expressions trouvées dans la littérature :

> **Formule donne par le CSA** : Le calcul du moment d'inertie effective selon la norme CAN/CSA-A23.3-04 et CAN/CSA-S6-06 peut s'effectuer de la façon suivante :
>
> $$I_e = I_{cr} + \left(I_g - I_{cr}\right)\left(\frac{M_{cr}}{M_a}\right)^3 \leq I_g$$
>
> I_g : Moment d'inertie de la section brute.

Formule donnée par ISIS 2007 :

L'ISIS-2007 propose la formule suivante pour prédire le moment d'inertie effective :

$$I_e = \frac{I_t I_{cr}}{I_{cr} + \left[1 - 0.5\left(\frac{M_{cr}}{M_a}\right)^2\right]\left(I_t - I_{cr}\right)} \leq I_t \tag{3.41}$$

Où I_{cr} : Moment d'inertie de la section fissurée ;

I_t : moment d'inertie de la section de béton transformée non-fissurée.

Modèle basé sur la probabilité :

Kara *et al.*, (2013) ont adopté un modèle basé sur la probabilité, initialement utilisé pour prédire la rigidité effective des éléments en béton armé de barres d'acier. Ce modèle a été modifié pour tenir compte l'effet des barres de PRF dans les éléments en béton. Le modèle modifié donne des résultats plus précis en termes de flèches des poutres continues. Le moment d'inertie effective est donné par :

$$I_e = P_{uncr}\, \beta\, I_t + P_{cr}\, \lambda\, I_{cr} \qquad (3.42)$$

P_{uncr} : Probabilité d'occurrence d'une section non-fissurée (c'est le rapport entre l'aire des zones non-fissurées dans le diagramme du moment de flexion, et l'aire totale de ce diagramme)

P_{cr} : Probabilité d'occurrence d'une section fissurée (c'est le rapport entre l'aire des zones fissurées dans le diagramme du moment de flexion, et l'aire totale de ce diagramme)

λ : Facteur de correction du moment d'inertie effective des poutres continues en béton armé de barres en FRP (a été pris de 70%).

β : Coefficient de réduction donné par : $\beta = k_b\, [(E_f / E_s) + 1\,]$

k_b : Coefficient d'adhérence.

Formules données par ACI :

ACI 440.1R-06 recommande une forme modifiée de l'équation du moment d'inertie effectif inclus dans le guide ACI 318-1R-06 et développée initialement par Branson. Cependant, dans la version révisée ACI-Revision-090210-440h, il retient la version de Bischoff et Scanlon (2007) donnée par :

$$I_e = \cfrac{1}{\left[\left(\dfrac{M_{cr}}{M_a}\right)^2 \dfrac{1}{I_g} + \left(1 - \left(\dfrac{M_{cr}}{M_a}\right)^2\right)\dfrac{1}{I_{cr}}\right]} \le I_g \qquad (3.43)$$

Ou bien :

60

$$I_e = \frac{I_{cr}}{1 - \eta \left(\dfrac{M_{cr}}{M_a} \right)^2} \leq I_g \qquad (3.44)$$

$$\eta = 1 - \frac{I_{cr}}{I_g}$$

$$M_{cr} = 0.8 \left(\frac{2 f_r I_g}{h} \right)$$

Tel que h et Ig sont la hauteur et le moment d'inertie de la section brute.

Cette formule a été modifiée pour inclure un facteur additionnel γ qui tient compte l'effet de la rigidification de la zone tendue sur la courbure (Éq.3.45). Ce facteur dépend aux conditions d'appuis et au type de chargement [Bischoff et Gross, 2011].

$$I_e' = \frac{I_{cr}}{1 - \eta\gamma \left(\dfrac{M_{cr}}{M_a} \right)^2} \leq I_g \qquad (3.45)$$

Pour le cas des poutres à quatre points de chargement, γ est donné par :

$$\gamma = \frac{3(a/1) - 4\xi(a/1)^3}{3(a/1) - 4(a/1)^3} \quad \text{avec} \quad \xi = 4\left(\frac{M_{cr}}{M_a} \right) - 3 \qquad (3.46)$$

Les équations Éq.3.44 et 3.45 fonctionnent aussi bien pour le béton renforcé de barre d'acier ou de barre de PRF, sans avoir besoin de facteurs de correction. Donc, elles représentent une approche unifiée de calcul de la flèche.

Bischoff et Gross (2011) ont montré qu'une bonne estimation de la flèche est obtenue en utilisant 80% du moment de fissuration calculé avec l'équation de module de rupture $f_r = 0,62\sqrt{f_c'}$ de telle sorte que :

$$I_e^{'} = \frac{I_{cr}}{1 - \eta\beta\gamma\left(\dfrac{M_{cr}}{M_a}\right)^2} \leq I_g \qquad (3.47)$$

Avec : $\beta = 0.64$ et $\gamma > 1$.

Dans l'étape de pré-dimensionnement, il est censé que le calcul de la flèche donne une indication sur la possibilité d'avoir des flèches excessives. Par conséquent, il est généralement suffisant de calculer la flèche par la valeur de I_e dans la section critique, puis d'effectuer des calculs avec l'expression basée sur l'intégration de la courbure, I_e', seulement si des problèmes des flèches excessives sont susceptibles de se produire.

La flèche instantanée, sous la charge de service des dalles unidirectionnelle, peut être calculée en utilisant le moment d'inertie effectif I_e et les techniques usuelles des structures (ACI-440) par la formule suivante :

$$\delta = \frac{Pl^3}{24E_cI_e} \qquad (3.48)$$

C - Flèche admissible

Peu importe la méthode du calcul, la valeur de la flèche obtenue doit satisfaire les conditions d'admissibilité citées au Tableau 3.3. Ces conditions sont communes avec les exigences des structures en béton armé d'acier.

Le module d'élasticité des armatures en PRF est généralement inférieur à celui de l'armature en acier. Donc, les éléments en béton armé de barre en PRF montrent une plus grande flèche que ceux renforcés de barres en acier ayant la même section transversale et soumises au même chargement. Cependant, par un choix approprié de l'épaisseur minimum de l'élément et par l'adoption d'une contrainte admissible dans l'armature en PRF sous les charges de service, le rapport de la portée à la flèche (*l/δ*) peut être celui des éléments en béton armé traditionnel.

Tableau 3.3   Valeurs des flèches admissibles (CSA A23.3-94)

TYPE D'ÉLÉMENT	TYPE DE FLÈCHE CONSIDÉRÉ	LIMITE DE LA FLÈCHE ADMISSIBLE
Toits plats non porteurs ou attachés à des éléments non-structuraux qui pourraient probablement être endommagés par des flèches excessives	Flèche instantanée causée par la surcharge spécifiée,	$l_n / 180$
Planchers non porteurs ou attachés à des éléments qui pourraient probablement être endommagés par des flèches excessives	Flèche instantanée causée par la surcharge spécifiée,	$l_n / 360$
Toits ou planchers porteurs ou attachés à des éléments non-structuraux qui pourraient probablement être endommagés par des flèches excessives	Cette composante de la flèche totale a lieu après le détachement des éléments non-structuraux (elle représente la somme de la flèche à long terme causée par toutes les charges soutenues et la flèche instantanée causée par toute surcharge additionnelle)	$l_n / 480$
Toits ou planchers porteurs ou attachés à des éléments qui ne pourraient probablement pas être endommagés par des flèches excessives		$l_n / 240$

Les ingénieurs peuvent choisir entre l'une des deux approches à savoir : L'approche du moment d'inertie effective, recommandé par le guide américain ACI 440.1R-06, ou l'approche de la courbure recommander par le code canadien CAN CSA S806-12.

Fissuration

Le problème de corrosion ne se présente pas dans les éléments en béton renforcé de barres en PRF, et par conséquent, la limitation de la largeur de fissure maximale n'est pas requise. Néanmoins, cette limitation de la largeur des fissures peut se faire pour des raisons esthétiques, ou bien aussi, pour empêcher les fuites d'eau ou de contamination, qui peuvent endommager ou de détériorer le béton de la structure. Ainsi, le document de l'ACI 440.1R.01 (2001) et le Code canadien des ponts routiers CAN/CSA-S6-00 (2000) recommandent de limiter la largeur maximale des fissures à 0,7 mm et 0,5 mm, pour les éléments, de béton armé en PRF, à l'abri des intempéries et ceux exposés aux intempéries, respectivement. La largeur maximale des fissures permise pour les éléments en béton armé d'armature en PRF est de 1,7 ou 1,5 fois plus grande que celle des éléments en béton armé d'acier. Pour limiter la largeur des fissures dans les structures en béton armé de PRF, il est recommandé de limiter la déformation maximale dans l'armature à 2000×10^{-6} sous charges de service [ISIS M3-2007]. Selon le Code canadien des ponts routiers CAN/CSA-S6-06 (2006) la largeur des fissures des éléments en béton armé de barres en PRF ne doit pas dépasser 0,5 mm.

Si les conditions esthétiques ne sont pas exigées, il n'est pas nécessaire de tenir compte de la largeur des fissures. Cependant, la limite de contrainte maximale dans l'armature sous charges de service doit être respectée.

Pour les éléments en béton armé de PRF, il est nécessaire de considérer les propriétés d'adhérence de l'armature dans le calcul de la largeur maximale des fissures. Le code Canadien CAN CSA S806-12 et le guide Amirécain ACI-440-1R-06 proposent l'équation suivante pour le calcul de la largeur maximale des fissures des éléments en béton renforcé de barres en PRF :

$$w = 2 \frac{f_f}{E_{prf}} \beta \, k_b \sqrt{d_c^2 + \left(\frac{s}{2}\right)^2} \tag{3.49}$$

Avec :
$$f_f = \frac{M_s}{A_f . j . d} \tag{3.50}$$

$$j = 1 - \frac{k}{3} \tag{3.51}$$

64

$$\beta = \frac{h_2}{h_1} \tag{3.52}$$

Où :

w Largeur maximale des fissures sur la face tendue de la poutre, mm

f_f Contrainte de traction dans l'armature en PRF au niveau de la fissure, MPa

M_s Moment de service.

A_f Section totale des armatures en PRF.

k Coefficient donné par l'équation (3.10)

E_{prf} Module d'élasticité de la barre de PRF, MPa

h_2 Distance de la face extrême tendue à l'axe neutre, mm

h_1 Distance du centre de gravité de l'armature tendue à l'axe neutre, mm

d_c Distance mesurée du centre de gravité de l'armature tendue à la face extrême tendue, mm

s Espacement des barres longitudinales de PRF, mm

k_b Coefficient dépendant de l'adhérence de l'armature. Pour les armatures en PRF ayant des propriétés d'adhérence similaires à celles des armatures en acier, $k_b = 1$. Pour les armatures en PRF ayant un comportement d'adhérence moindre, $k_b > 1$. Pour les armatures en PRF ayant un comportement d'adhérence meilleur, $k_b < 1$. Si la valeur du coefficient k_b n'est pas connue, une valeur de 1,2 est recommandée pour les calculs.

Une autre équation proposée par le manuel Canadien ISIS-M3-2007, est donnée par :

$$w = 2,2 \frac{f_f}{E_f} \frac{h_2}{h_1} k_b \left(d_c A \right)^{1/3} \tag{3.53}$$

A Aire effective du béton tendue entourant l'armature tendue et ayant le même centre de gravité que celui de l'armature tendue divisée par le nombre de barres, mm²

CHAPITRE 4
PROGRAMME EXPÉRIMENTAL

4.1 Introduction

Le programme de recherche proposé est composé de trois phases principales. La première comporte les essais de caractérisation des matériaux. La deuxième phase comporte la réalisation du programme expérimental afin d'évaluer le comportement structural de dalles en béton armé de barres en matériaux composites, soumises simultanément à des sollicitations mécanique et thermique, en tenant compte de l'effet des paramètres appropriés. La troisième phase consiste à élaborer un modèle analytique afin d'analyser l'effet des paramètres choisis. Les résultats de ce modèle sont présentés au chapitre 6.

Le programme expérimental consiste à étudier le comportement en flexion des dalles en béton armé de barres en PRF de verre (PRFV) sous l'effet combiné de la charge mécanique et la variation de température. Cette étude permet, éventuellement, d'évaluer les effets combinés de ces charges sur la déformation thermique transversale dans le béton d'enrobage et les barres d'armature en tenant compte des différents paramètres cités ci-après. Ces déformations permettent de déterminer le rapport minimum d'épaisseur d'enrobage du béton au diamètre de la barre en PRFV (c/d_b) afin d'éviter la rupture d'enrobage du béton sous des charges combinées thermique et mécanique.

Afin d'atteindre nos objectifs, le programme expérimental est réalisé à travers les étapes suivantes :
- Réaliser les essais de caractérisation des matériaux (béton et PRFV).
- Étudier l'effet du rapport d'épaisseur d'enrobage de béton au diamètre de la barre (c/d_b) sur la distribution de déformations dans le béton et les barres en utilisant des dalles unidirectionnelle en béton armé de barres en PRFV de différents diamètres,

66

soumises à l'essai de flexion à quatre points et testées sous des températures variant de
-30°C à + 60 °C.

- Étudier l'effet des cycles de Gel/Dégel (30 cycles de -30°C à +30°C) combiné avec
une charge mécanique de 20% de la charge ultime des dalles en béton armé de barres
en PRFV.

- Étudier le comportement thermique des barres en PRFV isolées, soumises à une force
de traction constante qui représente la contrainte de traction obtenue au niveau des
barres ancrées dans le béton des dalles sous une charge mécanique de 20% et 30% de
leur charge ultime.

- Investigation du comportement flexionnel des dalles en béton armé de barres en PRFV
conditionnées sous le test de flexion à quatre points jusqu'à la rupture.

Les paramètres d'études retenus dans ce programme expérimental sont :
- Diamètre des barres de PRFV : N°.16 et N°.19
- Épaisseur d'enrobage du béton : 25, 30, et 45 mm
- Température : de -30°C à 60°C
- Charge mécanique : 20%M_r et 30% M_r (M_r : moment résistant ultime).

4.2 Caractéristiques des matériaux

4.2.1 Barres en polymère renforcés de fibres de verre (PRFV)

En raison de leur faible coût, les barres utilisées dans cette étude sont des barres de polymères
renforcés de fibres de verre de type V-ROD, fabriquées par la compagnie canadienne Pultrall.
La fabrication des barres se fait à l'aide du procédé de pultrusion. Ces barres sont constituées
de fibres de verre de type E et de résine de type vinylester. Les barres sont recouvertes d'un
mélange de sable et de résine afin d'améliorer leur adhérence au béton. Deux types de barres
d'armatures de PRFV sont utilisés à savoir les barres N°16 et N°19. Le module d'élasticité est
calculé selon le guide de l'ACI 440.3R-04. Les coefficients de dilatation thermique ont été
mesurés par les essais de TMA (*Thermo-Mechanical Analysis*) sous une température variant
de -30°C à 60°C (Figure 4.1), la température de transition vitreuse a été mesurée par les essais
de DMA (*Dynamic Mechanical Analysis*) (Figure 4.2). Le module d'élasticité transversal E_t et

le coefficient du Poisson transversal ν_{tt} ont été déterminés en utilisant la règle des mélanges (voir section 2.3). Les autres propriétés sont des valeurs spécifiées par le fabricant. Les propriétés mécaniques et thermiques des barres de PRFV sont présentées dans le Tableau 4.1.

Tableau 4.1 : Propriétés mécaniques et thermiques des barres d'armatures en PRFV.

Désignation de barres	N°16	N°19
Diamètre de barre, d_b (mm)	15,9	19,1
Aire de section (mm²)	198	285
Module d'élasticité longitudinal, E_{prf} (GPa)	47,0±0,3	52,2±1,2
Module d'élasticité transversal, E_{fl} (GPa)	7,75	7,87
Coefficient de Poisson dans la direction transversale, ν_{tt}	0,38	0,38
Coefficient de Poisson dans la direction longitudinale, ν_{lt}	0,28±0,005	0,28±0,005
Résistance ultime à la traction (MPa)	700±24	691±7
Résistance garantie à la traction (MPa)	683	656
Déformation ultime, ε_u (%)	1,50±0,06	1,33±0,03
Température de transition vitreuse, T_g (C°)	106±0,35	117±1,86
Coefficient d'expansion thermique transversal, α_t [10^{-6}] /°C	27,4±0,35	22,5±0,31
Coefficient d'expansion thermique longitudinal, α_l [10^{-6}] /°C	6,8±0,9	6,6±0,1

4.2.2 Béton

Le béton utilisé est un béton ordinaire à densité normale de résistance moyenne de 35 MPa, fabriqué et livré par la compagnie Béton Demix de Sherbrooke. La résistance à la compression réelle f'_c est la valeur moyenne obtenue sur trois essais de compression effectués à l'âge de 28 jours et au jour d'essais effectués sur dalles, conformément aux recommandations de la norme ASTM C 39/C 39M. La résistance moyenne de traction f_{ct} a été déterminé par l'essai de fendage effectué sur trois cylindres conformément aux spécifications de la norme ASTM C 496/C 496M. Le module d'élasticité E_c a été évalué par l'essai standard ASTM C 469 02. Cependant, le coefficient de Poisson ν_c et le coefficient d'expansion thermique α_c sont supposés égaux à 0,20 et 10×10^{-6}/°C, respectivement, selon les recommandations du Code CAN/CSA-S6-06 Clause 8.4.1 puisque le béton utilisé est un béton ordinaire. Les propriétés mécaniques du béton sont présentées au Tableau 4.2.

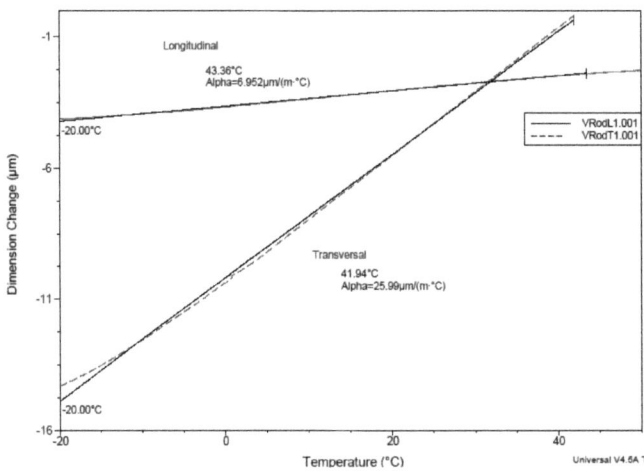

Figure 4.1 Courbe typique déterminant les coefficients d'expansion thermique α_t et α_l des barres en PRFV_V-Rod N°.5 par TMA.

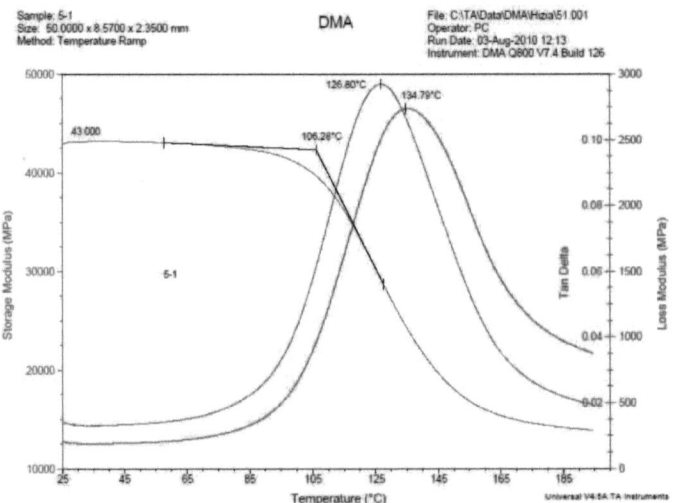

Figure 4.2 Courbe typique déterminant le T_g des barres en PRFV_V-Rod N°.5 par DMA.

Tableau 4.2: Propriétés mécanique du béton.

Dalle	Module d'élasticité linéaire, E_c (GPa)[**]	Résistance à la compression (MPa)	Résistance à la traction (MPa)
SA195.25.16[*]	26,2±0,4	33,8±1	1,9±0,04
SA200.30.16	24,8±0,8	30,4±2	2,6±0,04
SA215.45.16	26,2±0,4	33,8±1	1,9±0,04
SA195.25.19	26,5±0,3	34,8±0.7	2,8±0,15
SA200.30.19	27,3±0,7	36,9±2	2,9±0,25
SA215.45.19	27,3±0,7	36,9±2	2,9±0,25

[*]SA 195.25.16 signifie : Une dalle SA, d'une épaisseur de 195 mm et épaisseur d'enrobage de béton c = 25 mm, renforcée d'une barre de PRFV N°.16.
[**] $E_c = 4500 (f_c')^{1/2}$

Les propriétés mécaniques des dalles SB et SC sont identiques à celles des dalles SA. Il est à noter que les dalles SB200.30.16 et SB215.45.19 ont été brisées par accident avant l'essai de flexion à quatre points.

4.3 Essais expérimentaux effectués sur dalles

4.3.1 Objectif

Le but de ces essais est d'investiguer le comportement des dalles en béton armé de barres en PRFV sous l'effet combiné des charges thermique et mécanique. En particulier, la distribution des déformations dans le béton et les barres de PRFV, en tenant compte de la variation du rapport d'épaisseur d'enrobage du béton au diamètre de la barre de PRFV (c/d_b). Les essais sur les dalles sont divisés en trois étapes à savoir :

- 1ère étape : Les dalles ont été soumises à un cycle thermique de température variant de -30°C à +60°C, augmenté par un incrément de 10°C, simultanément avec une charge mécanique de 20% de la résistance ultime flexionnelle (F_u) des dalles.

- 2ème étape : Les dalles ont été soumises à 30 cycles de Gel/Dégel de -30°C à +30°C, simultanément avec une charge mécanique de 20% F_u.

- 3ère étape : Les dalles ont été soumises à un cycle thermique de -30°C à +60°C, augmenté par un incrément de 10°C, simultanément avec une charge mécanique de 30% F_u.

4.3.2 Paramètres d'études

Les paramètres d'étude dans ces essais sont :

- Diamètre des barres de PRFV : N°.16 ; N°.19
- Épaisseur d'enrobage de béton : c = 25 mm, 30 mm et 45 mm.
- Variation de la température: - 30°C à 60°C
- Nombre des cycles de Gel/Dégel : 30 cycles de -30°C à +30°C.
- Charge mécanique : 20%M_r et 30% M_r (M_r : moment résistant ultime).

4.3.3 Description des dalles

L'essai expérimental consiste à examiner des dalles unidirectionnelles en béton, renforcées uniquement par des barres longitudinales (sans armatures transversales) afin de tenir compte l'effet de confinement du béton seul. Les dalles ont des dimensions de 2500 mm de longueur totale, 2000mm de portée entre appuis, 500mm de largeur et d'une épaisseur variable de 195 mm ; 200 mm ou 215 mm comme le montre la figure 4.3. Les hauteurs des dalles ont été variées selon la variation de l'enrobage pour avoir une hauteur effective constante pour toutes les dalles. Les épaisseurs d'enrobage du béton sont : 25, 30 et 45 mm ont été choisies conformément aux recommandations de l'ISIS-M°3-2007. Toutes les dalles ont le même taux d'armatures (ρ_{prf} = 1,4 %). Les propriétés géométriques des dalles sont présentées dans le Tableau 4.3.

Au total de 18 dalles en béton renforcé des barres de PRFV ont été confectionnées dans ce programme expérimental en utilisant trois épaisseurs d'enrobage pour chaque type de diamètre, comme le montre le Tableau 4.3. Ces dalles sont divisées en six séries différentes, chaque série est constituée de trois dalles :

- Une dalle soumise simultanément à des charges thermique et mécanique (dalle SA).
- Une dalle soumise à des charges thermiques seulement (dalle SB).
- Une dalle de référence (contrôle) maintenue sous la température de chambre, et porte les mêmes caractéristiques des autres dalles (dalle SC).

Les propriétés géométriques des dalles SB et SC sont identiques celles des dalles SA.

Tableau 4.3 : Propriétés géométriques des dalles SA.

Désignation	h (mm)	c (mm)	d_b (mm)	c/d_b	ρ_{prf} (%)	N^{bre} de barres	A_f (mm²)	Espacement (mm)
SA195.16. 25	195	25	15,9	1,6	1,47	6	1190,7	85
SA195.19.25	195	25	19,1	1,3	1,43	4	1145,5	140
SA200.16.30	200	30	15,9	1,9	1,47	6	1190,7	85
SA200.19.30	200	30	19,1	1,6	1,43	4	1140,1	140
SA215.16.45	215	45	15,9	2,8	1,47	6	1190,7	79
SA215.19.45	215	45	19,1	2,4	1,43	4	1145,5	130

SA200.16.30 signifie : une dalle (SA), d'épaisseur 200mm, renforcée des barres de PRF de verre N°.16, d'épaisseur d'enrobage de béton 30mm.

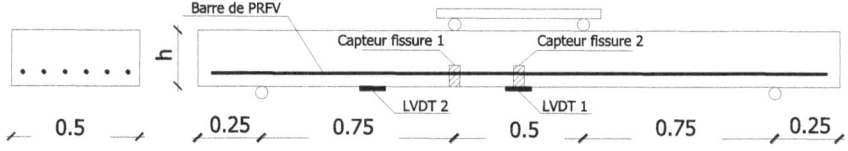

Figure 4.3: Dalle unidirectionnelle simplement appuyées soumise à des charges thermique et mécanique.

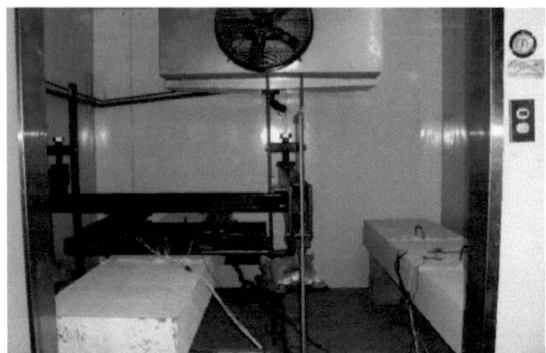

Figure 4.4: Chambre thermique.

4.3.4 Procédure d'essais

L'essai est réalisé en trois étapes. En premier lieu, les dalles SA et SB sont soumises à des variations de températures de +20°C à -30°C puis de -30°C à +60 °C en utilisant la chambre thermique montrée dans la figure 4.4. Les résultats de cette étape servent à établir un model analytique pour prédire le comportement thermique des dalles en béton armé de barres en PRF soumises simultanément à des charges thermique et mécanique. La température est augmentée par un incrément de 10°C, chaque incrément a nécessité 10 à 16 heures pour que la température puisse atteindre une distribution stable à travers l'épaisseur des dalles. Après chaque incrément, les dalles sont examinées visuellement pour noter n'importe quelle fissure apparente. En plus de la charge thermique, la dalle (SA) est soumise à une charge mécanique de 20% de sa résistante ultime (F_u) en satisfaisant les conditions de service. La charge totale appliquée est environ 40 kN. La charge mécanique est distribuée selon deux lignes de chargement transversal. Lorsque les déformations mécaniques se stabilisent, les résultats sont enregistrés, puis on les remet à zéro afin de présenter les résultats en termes de déformations thermiques seules. La deuxième étape consiste à faire subir les dalles SA et SB à 30 cycles de *Gel/Dégel* de -30°C à +30°C, avec une humidité relative de 65% pour les basses températures (-30°C), elle augmente à 85% pour la température 0°C, puis elle diminue à 35% pour les hautes températures (30°C). La durée de chaque cycle de *Gel/Dégel* est fixée de 28 heures, afin de permettre à la température d'atteindre les valeurs extrêmes à l'interface *Barre/Béton*.

La dalle SA soumise encore à la même charge mécanique de 20% F_u. Dans cette partie de programme expérimental, on ne s'intéresse pas aux effets des cycles de *Gel/Dégel* sur le béton qui sont largement traités dans la littérature, mais aux effets de l'expansion et la contraction des barres de PRFV sur le béton d'enrobage engendrées par l'effet combiné des cycles de Gel/Dégel et de la charge mécanique de service. La troisième étape est identique à la première étape, sauf que la charge mécanique est de 30% F_u au lieu de 20% F_u (Figure 4.5). La charge totale appliquée dans cette étape est environ 60 kN. La charge mécanique a été limitée à 30% afin d'éviter une rupture prématurée par cisaillement durant la phase conditionnée sous la combinaison des charges thermique et mécanique. La résistance au cisaillement du béton a été calculée selon le guide ACI 440-2R-08, qui donne des valeurs plus faibles de cette résistance.

A part l'épaisseur d'enrobage de béton et le diamètre de la barre en PRFV, tous les autres paramètres sont maintenus constants dans toutes les dalles.

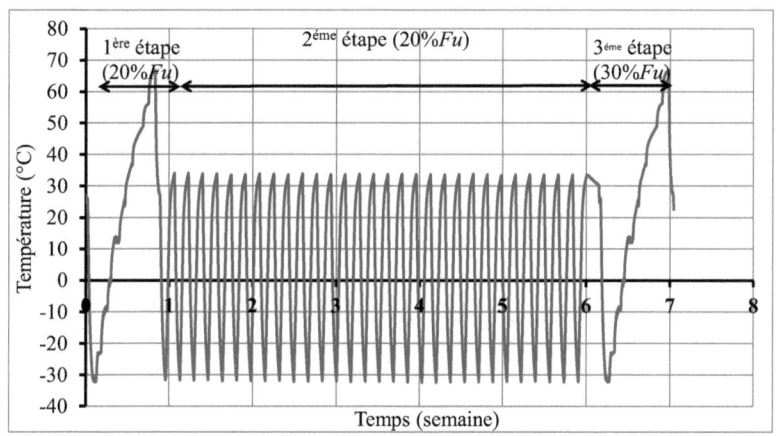

Figure 4.5 Cycles thermiques typiques mésurés à l'interface *barre/béton*.

4.3.5 Instrumentations des dalles

Les dalles sont instrumentées avec des jauges de déformations et des thermocouples afin de permettre de mesurer respectivement les déformations et les températures. Chaque dalle est instrumentée de la manière suivante :

- **Quatre thermocouples** : Deux installés sur les barres d'armatures instrumentées de jauges afin de mesurer les températures à l'interface *Barre/Béton*, et deux installés sur les surfaces supérieure et inférieure de la dalle. Un thermocouple supplémentaire a été attaché à l'intérieur de la chambre environnementale pour mesurer la température de l'air.

- **Six jauges** de déformations installées sur les barres d'armatures principales à mi-portée: trois (3) jauges sont destinées à mesurer les déformations transversales et trois (3) autres pour mesurer les déformations longitudinales (Figure 4.6).

- **Trois jauges** de déformations installées à mi- portée de la dalle sur la surface inférieure tendue de la dalle afin de mesurer les déformations du béton tendue : deux jauges dans la direction transversale et une jauge dans la direction longitudinale (Figure 4.7).

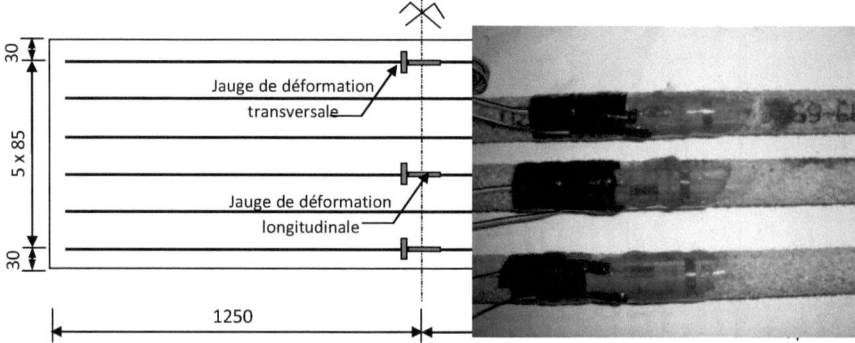

Figure 4.6 : Instrumentation des barres.

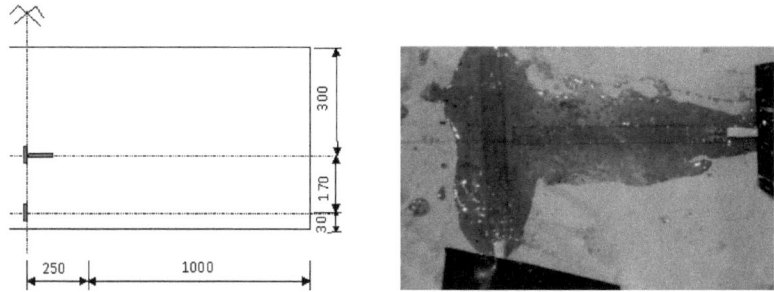

Figure 4.7 : Instrumentation du béton des dalles.

4.3.6 Description du montage

Le montage du support de la dalle est constitué de deux profilés métalliques de section rectangulaire placés aux niveaux des appuis de la dalle le long de sa largeur. Sous les appuis de la dalle et suivant sa longueur on a prévu deux autres profilés de mêmes dimensions que les premiers sur lesquels deux lames verticales à bras de levier ont été fixées. Ces bras nous permettent d'amplifier la charge appliquée à la dalle comme le montre la figure 4.8.

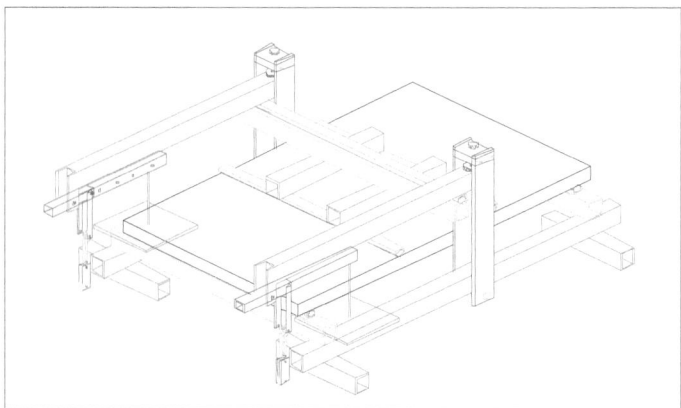

Figure 4.8 : Montage du support des dalles.

76

4.4 Essais expérimentaux réalisés sur barres

4.4.1 Objectif

L'objectif de cet essai est d'étudier l'effet combiné des charges thermique et mécanique sur le comportement des barres isolées en PRFV dans les mêmes conditions que celles des dalles étudiées dans ce programme. Ainsi, de comparer leurs déformations aux déformations des barres ancrées dans le béton.

4.4.2 Paramètres d'études

Les paramètres d'étude dans cet essai sont :

- Diamètre des barres de PRFV: N°.16 ; N°.19
- Variation de la température: - 30°C à +60°C
- Nombre des cycles de Gel/Dégel : 30 cycles.
- Charge mécanique: 14% f_{fu} et 20% f_{fu} (f_{fu} : Résistance ultime des barres)

4.4.3 Description et instrumentation des barres

Trois barres en PRFV ont été testées pour chaque diamètre. La longueur totale des barres est de 127 cm. Cette longueur a été fixée selon les exigences du bâti de fluage utilisé. Les barres utilisées dans ce test ont les mêmes propriétés mécaniques et physiques que celles utilisées pour le renforcement des dalles testées. Chaque barre est instrumentée par deux jauges de déformation : l'une est collée placées dans la direction transversale et l'autre dans la direction longitudinale de la barre.

4.4.4 Procédure d'essais

Dans les mêmes conditions que celles des dalles, les barres isolées de PRFV sont soumises à l'essai de traction conditionné à l'aide d'un bâti de fluage installé dans la chambre environnementale. Le montage expérimental permet de tester deux barres à la fois. Les barres sont placées verticalement, après avoir vérifié l'horizontalité des bras de levier. Ces derniers permettent le transfert de la force de traction à partir des masses placées sur les plateaux (Figure 4.9). Les forces appliquées sont égales à la force au niveau des barres d'armature de la dalle lorsque celle-ci est soumise à une force de 20% et de 30% de sa résistance ultime. Ce qui correspond, respectivement, à une force de 14% et de 20% de la résistance ultime des barres. Ces essais ont été déroulés simultanément avec les essais des dalles dans la même chambre environnementale (Figure 4.10). Les barres ont été soumises dans la première étape, en plus de la charge mécanique de 14% f_{fu}, à un cycle thermique de -30 à 60°C. Les déformations transversales et longitudinales ont été enregistrées à chaque incrément thermique (de 10°C). En deuxième étape, les barres ont été soumises à 30 cycles de Gel/Dégel de -30 à 30°C, en maintenant la même charge mécanique de 14% f_{fu}. En troisième étape, le premier cycle a été répété en utilisant une charge mécanique de 20% f_{fu} au lieu de 14%.

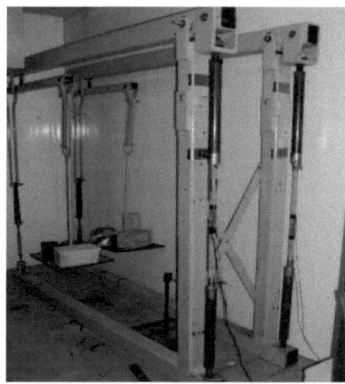

Figure 4.9: Essai de traction conditionné sur des barres en PRFV – Bâti de fluage.

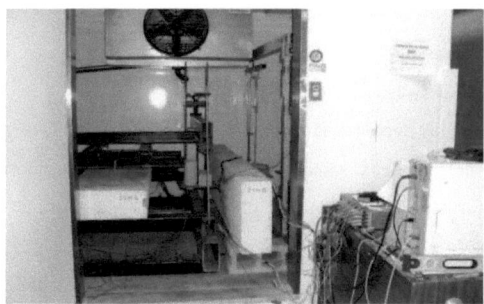

Figure 4.10: Chambre environnementale contenant les dalles SA et SB, et le bâti de fluage.

78

4.5 Essais de flexion à quatre points

4.5.1 Description d'essai

Les essais de flexion à quatre points ont été établis à la température ambiante, à la fin de tous les cycles thermiques effectués sur les dalles. L'objectif de cet essai et d'investiguer l'effet indépendant ou combiné des charges thermiques et des cycles Gel/Dégel, et des charges mécaniques, appliquées durant l'étape précédente de l'essai, sur le comportement flexionnel et la capacité ultime des dalles. Toutes les jauges et les LVDTs de mesure de la flèche ont été mises à zéro au début des tests. Les dalles ont été déposées sur le montage expérimental montré dans la Figure 4.11. La charge mécanique a été appliquée sous contrôle de déformation jusqu'à la rupture des dalles, à une vitesse de chargement de 1 mm/min, à l'aide d'un vérin de capacité de 500kN. Après l'apparition des deux premières fissures, le test a été arrêté afin d'installer les capteurs des fissures. Les largeurs de fissures initiales ont été mesurées manuellement avec un microscope portatif 100x. Deux capteurs de fissures ont été installés pour mesurer numériquement, à l'aide de système d'acquisition, la largeur des fissures progressée avec l'augmentation de la charge.

4.5.2 Paramètres d'études

Les paramètres d'étude dans ces essais sont :
- Diamètre des barres de PRFV : N°.16 ; N°.19
- Épaisseur d'enrobage de béton : c = 25 mm, 30 mm et 45 mm.
- Type des dalles : SA, SB, et SC.

4.5.3 Instrumentations des dalles

Les dalles sont instrumentées avec des jauges de déformations, des LVDTs (*Linear Variable Differential Transformer*) et deux capteurs de fissures afin de permettre de mesurer respectivement les déformations, les flèches et la largeur des fissures. Chaque dalle est instrumentée de la manière suivante :
- **Deux LVDTs** installés à mi- portée et à 3/8 de la portée de la dalle pour mesurer les flèches.

- **Deux capteurs de fissures** installés au niveau des deux premières fissures pour mesurer leur ouverture.

- **Six (6) jauges** de déformations installées sur les barres d'armatures principales à mi-portée: trois (3) jauges sont destinées à mesurer les déformations transversales et trois (3) autres pour mesurer les déformations longitudinales (Figure 4.6). (Ces jauges sont celles utilisées pour enregistrer les déformations thermiques durant les essais conditionnés)

- **Trois (3) jauges** de déformations installées à mi-portée de la dalle sur la surface supérieure comprimée de la dalle afin de mesurer les déformations du béton comprimé : deux jauges dans la direction longitudinale et une jauge dans la direction transversale.

Figure 4.11: Montage de l'essai de flexion à quatre points.

CHAPITRE 5

PRESENTATION ET ANALYSE DES RESULTATS

5.1 Introduction

Ce chapitre présente l'analyse des résultats expérimentaux obtenus dans les différentes étapes d'essais. En premier lieu, on étudie l'effet de la charge mécanique, de l'épaisseur d'enrobage de béton et le diamètre de la barre sur le comportement thermique des dalles en béton armé de barres en PRFV. Tout en examinant la variation de déformations thermiques, à l'interface *Barre/Béton* ainsi qu'au niveau de la fibre extrême du béton tendu, en fonction de la variation de température. En outre, on présente le comportement flexionnel des dalles en béton armé de barres en PRFV et bien sûr en analysant les résultats de l'essai de flexion à quatre-points à savoir la capacité ultime, la flèche, la largeur des fissures et le mode de rupture des dalles testées.

5.2 Comportement thermomécanique des dalles en béton armé de PRF

On présente dans cette section les résultats des tests thermiques du premier cycle effectués sur les dalles SA et SB soumises à une température variant de -30°C à +60°C. En plus de la charge thermique, les dalles SA ont été soumises à une charge mécanique de 20% de leur résistance ultime de flexion. Dans ce chapitre, on examine le comportement des barres de PRFV et le comportement du béton tendu sous l'effet des charges appliquées.

5.2.1 Comportement thermomécanique des barres en PRFV

Les figures 5.1 à 5.6 montrent une comparaison entre les dalles SA et SB en terme de déformation thermique longitudinale, à l'interface *Barre/Béton*, en fonction de la température. Comme ces figures le montrent, il n'y a pas une grande différence entre les déformations thermiques longitudinales des dalles SA et SB, particulièrement, entre les températures de -30°C et +40°C. Cependant, au-delà de +40°C, les déformations thermiques longitudinales à l'interface *Barre/Béton* des dalles SA soumises à des charges combinées thermique et mécanique, sont généralement inférieures à celle des dalles SB soumises uniquement à des charges thermiques particulièrement pour les rapports c/d_b < 1,6. Cette réduction peut atteindre 30 % à la température de +60°C. Ceci est dû à la dégradation de l'adhérence entre le béton et les barres de PRFV des dalles SB causée par l'apparition des fissures radiales dans le béton d'enrobage, produites par la pression radiale due à l'augmentation de la température. Cette pression est engendrée à l'interface à cause de l'incompatibilité thermique entre le béton et la barre de PRF dans la direction transversale. Cependant, pour la dalle SA (sous chargements combinés thermique et mécanique) la charge mécanique contribue à la réduction de cette pression radiale. Par conséquent, les contraintes de traction et éventuellement les fissures radiales diminuent, ce qui améliore l'adhérence entre le béton et les armatures. Ceci est confirmé aussi par le modèle théorique présenté dans cette étude, qui montre que la pression radiale diminue avec l'application de la charge mécanique (Éq.6.42).

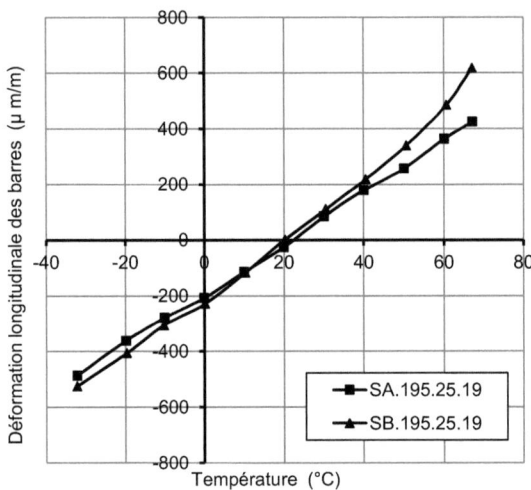

Figure 5.1 : Déformation longitudinale des barres en PRFV, c/d_b =1,3

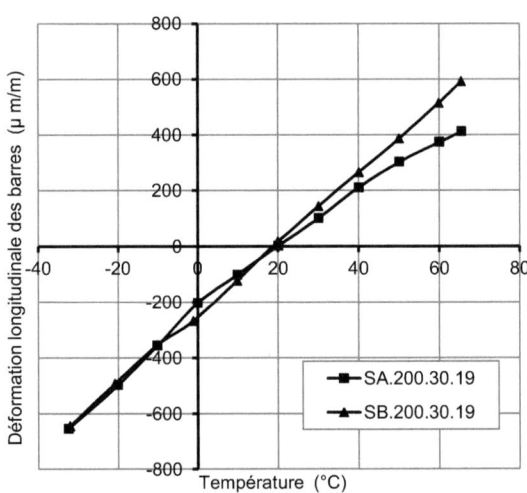

Figure 5.2 : Déformation longitudinale des barres en PRFV, c/d_b =1,6

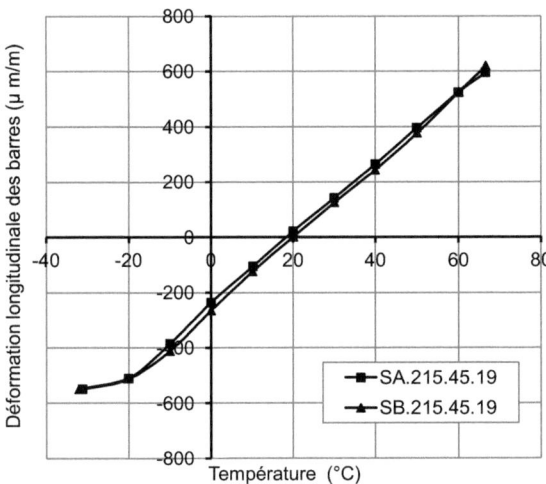

Figure 5.3 : Déformation longitudinale des barres en PRFV, c/d_b =2,4.

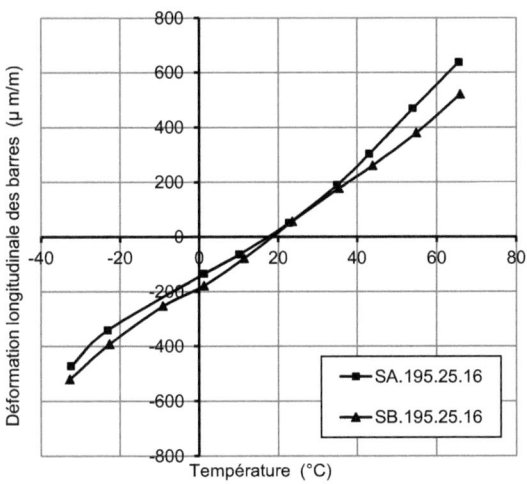

Figure 5.4 : Déformation longitudinale des barres en PRFV, c/d_b =1,6.

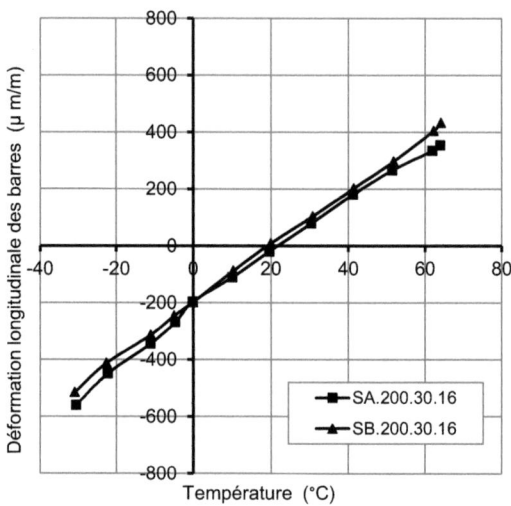

Figure 5.5 : Déformation longitudinale des barres en PRFV, c/d_b =1,9

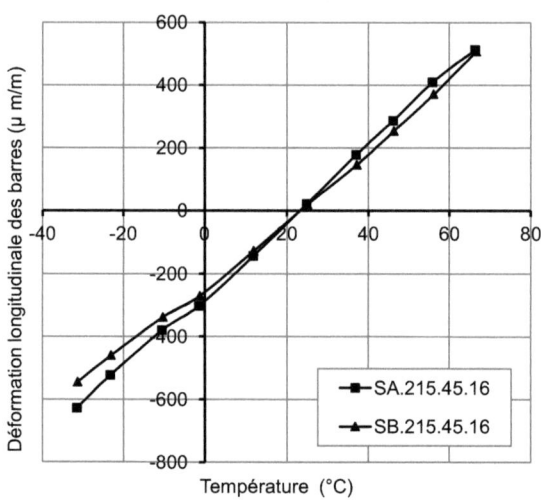

Figure 5.6 : Déformation longitudinale des barres en PRFV, c/d_b =2,8

Les figures 5.7 à 5.12 montrent une comparaison entre les dalles SA et SB en terme de déformation thermique transversale à l'interface *Barre/Béton*. De ces figures, on remarque que la charge mécanique n'a pas une grande influence sur les déformations thermiques transversales des barres de PRFV.

On a signalé que la pression radiale à l'interface *barre /béton* des dalles SB est plus grande que celle des dalles SA pour les hautes températures, en particulier, pour les faibles rapports c/d_b. Bien que, l'application de la charge mécanique conduit à la réduction de la pression radiale dans les dalles SA, et par la suite, à la réduction de la contrainte de traction et éventuellement à la réduction de la fissuration ($\sigma_{t,max}(\rho) = \dfrac{r^2+1}{r^2-1}P$), ce qui conduit à l'augmentation de l'adhérence entre la barre de PRFV et le béton, mais cette charge mécanique n'a pas une grande influence sur les déformations thermiques transversales, parce que les paramètres principaux qui donnent une déformation thermique importante sont le coefficient d'expansion thermique transversal de la barre (α_{fl}) et la variation de la température. Alors que, l'effet de la pression radiale et la charge mécanique sur la déformation transversale est moins important ($\varepsilon_{fl}(a) = -\dfrac{1-\nu_{tt}}{E_{fl}}P + \alpha_{fl}.\Delta T - \nu_{lt}\varepsilon_{fl}$). Pour cette raison, les déformations thermiques transversales obtenues des résultats des dalles SB, soumises à une variation thermique seule, sont très proches à celles des dalles SA, soumises aux charges combinées thermique et mécanique. Cette observation a prouvé que la charge mécanique ($\leq 20\%$ *Fu*) n'a pas une grande influence sur les déformations thermiques transversales.

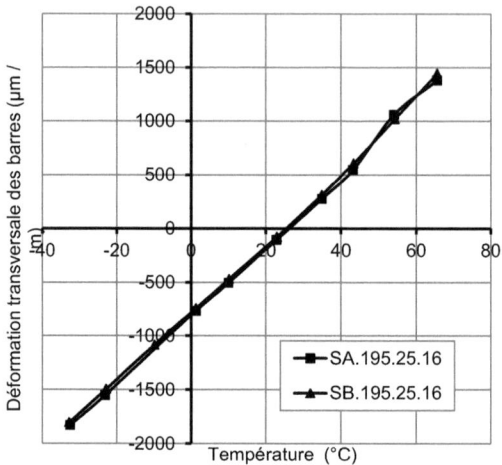

Figure 5.7 : Déformation transversale des barres en PRFV, c/d_b =1,6

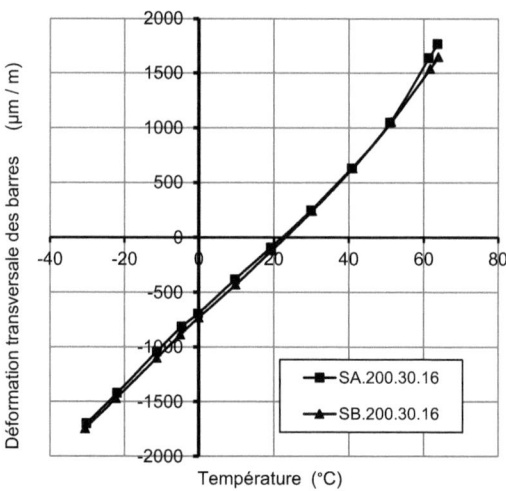

Figure 5.8 : Déformation transversale des barres en PRFV, c/d_b =1,9

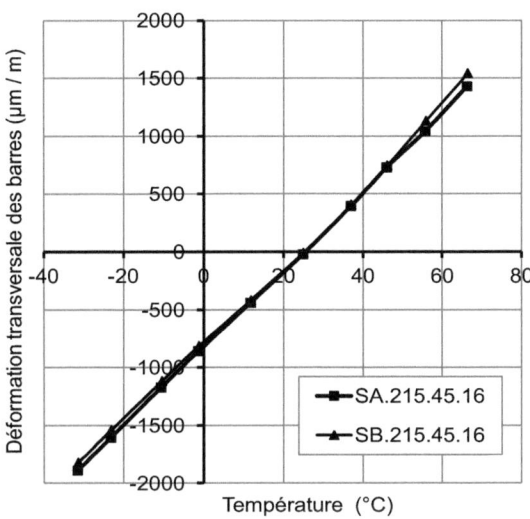

Figure 5.9 : Déformation transversale des barres en PRFV, c/d_b =2,8

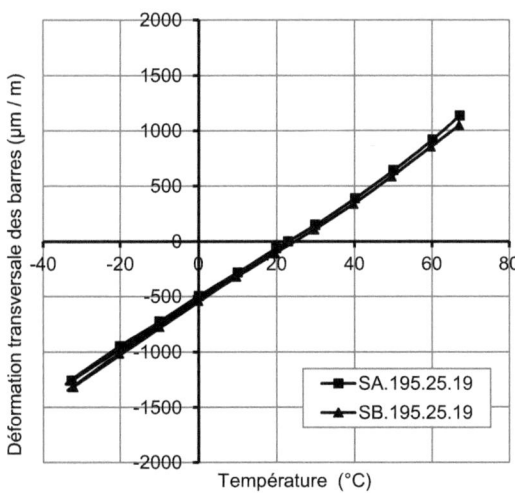

Figure 5.10 : Déformation transversale des barres en PRFV, c/d_b =1,3

88

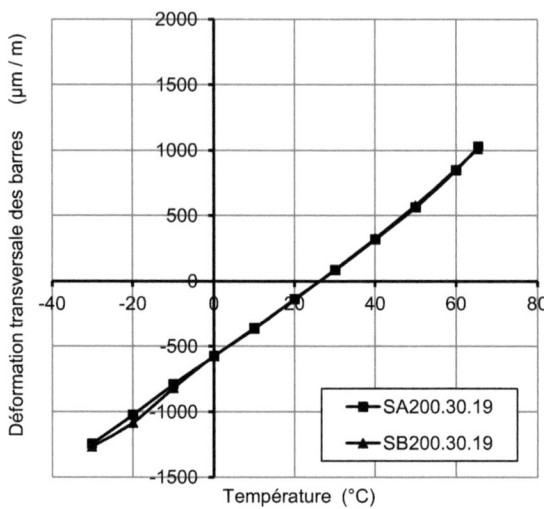

Figure 5.11 : Déformation transversale des barres en PRFV, c/d_b =1,6

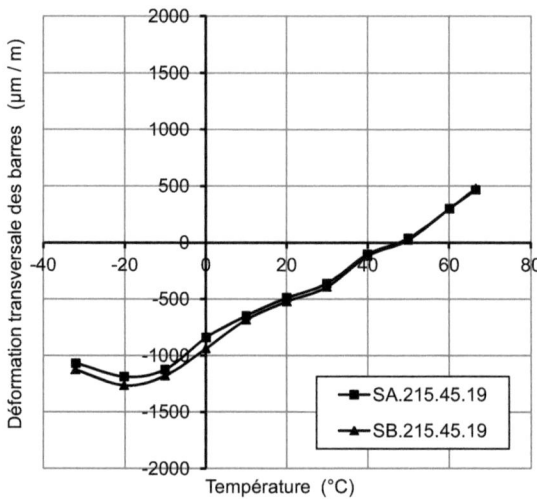

Figure 5.12 : Déformation transversale des barres en PRFV, c/d_b =2,4

89

5.2.2 Effet d'échauffement et refroidissement des barres en PRFV

La Figure 5.13 montre que les courbes de variation de déformations thermiques (longitudinales et transversales) des barres en PRFV (dalle SA.200.30.16) dans le cas du refroidissement de +20°C à -30°C coïncident avec celles du cas du réchauffement de -30°C à +20°C. Ceci prouve le comportement thermique linéaire et élastique des barres en PRFV ancrées dans le béton des dalles à échelle réelle.

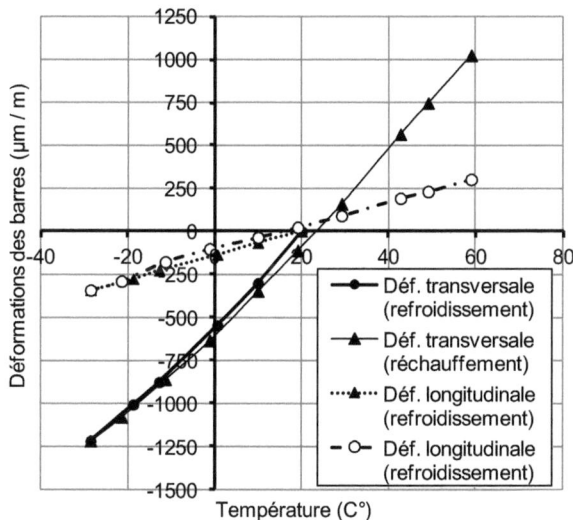

Figure 5.13: Comportement de l'interface barre de PRFV/*Béton* des dalles SA.200.30.16sous l'effet d'une charge soutenue et du cycle Refroidissement/Réchauffement.

5.2.3 Comportement thermomécanique du béton

Les figures 5.14 à 5.19 présentent une comparaison entre les dalles SA (soumises aux chargements combinés) et les dalles SB (soumises à une charge thermique seule) en termes de déformations thermiques transversales de la fibre extrême du béton tendu en fonction de la température pour le premier cycle de chargement (variation thermique de -30°C à +60°C et une charge mécanique de 20%F_u). Pour les hautes températures (60°C), les figures montrent que les dalles SA ont des déformations thermiques généralement inférieures à celles des dalles SB, la différence est estimée par à environ 5% à 15%. Ceci est dû à la diminution de la pression radiale exercée par les barres, et par conséquent, à la réduction de la propagation des fissures radiales dans le béton d'enrobage des dalles SA, comme c'est expliqué dans la section 5.2.1. Il est à noter que les résultats des dalles SA.200.30.19 et SA.215.45.19 (figures 5.18 et 5.19) ne peuvent pas être considérés, car les jauges de déformation collées sur le béton tendue ont été affectées par les fissures flexionnelles dues au chargement mécanique. Pour les basses températures, la charge mécanique n'a pas un effet significatif sur la déformation thermique transversale.

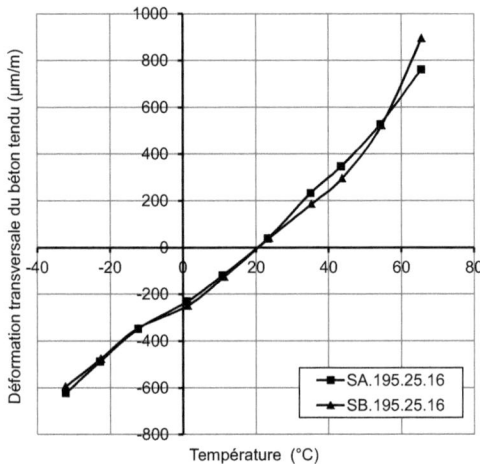

Figure 5.14 : Déformation thermique transversale du béton tendu, $c/d_b = 1,6$

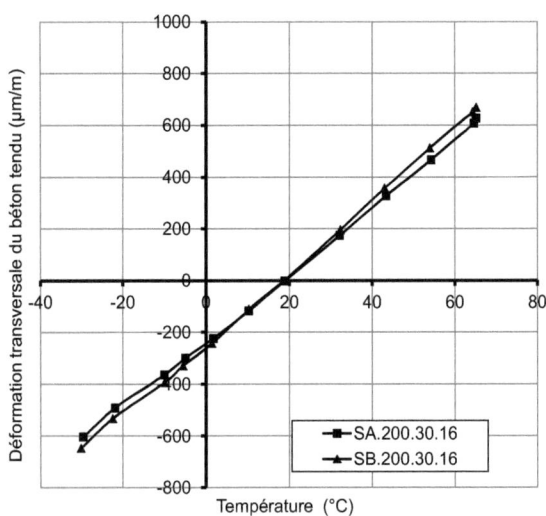

Figure 5.15 : Déformation thermique transversale du béton tendu, c/d$_b$ = 1,9

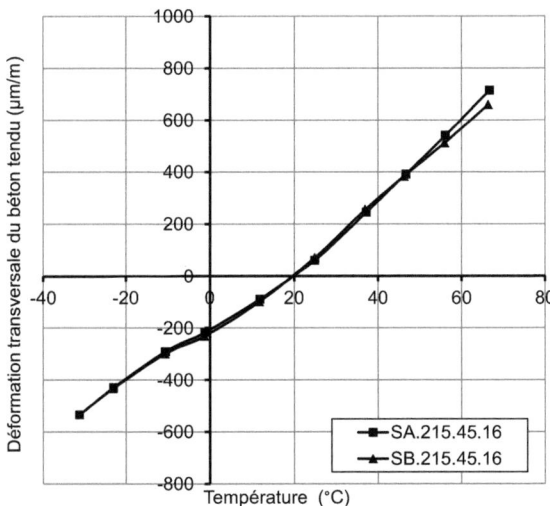

Figure 5.16 : Déformation thermique transversale du béton tendu, c/d$_b$ = 2,8

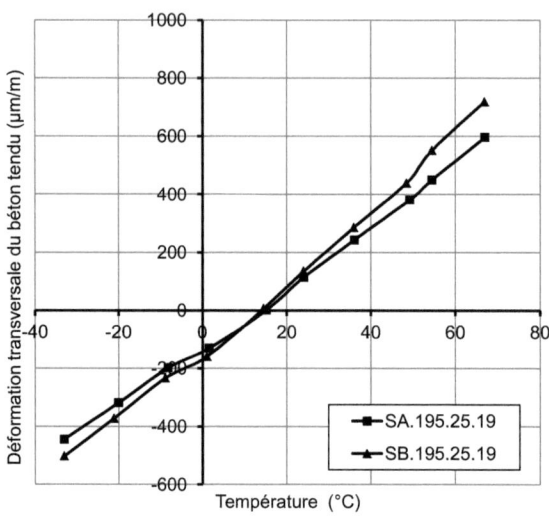

Figure 5.17 : Déformation thermique transversale du béton tendu, $c/d_b = 1,3$

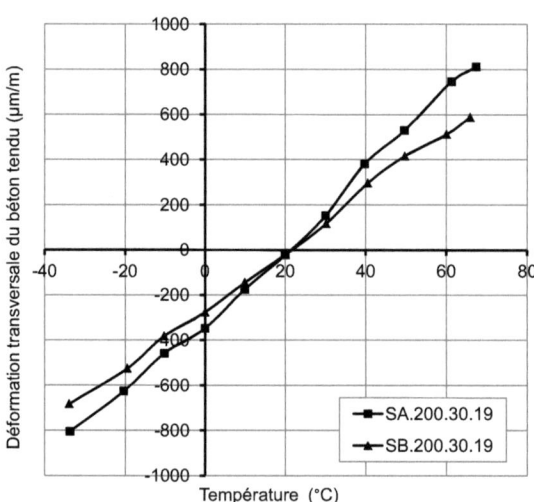

Figure 5.18 : Déformation thermique transversale du béton tendu, $c/d_b = 1,6$

(Dalle de jauges de déformations défectueuses, dalle SA)

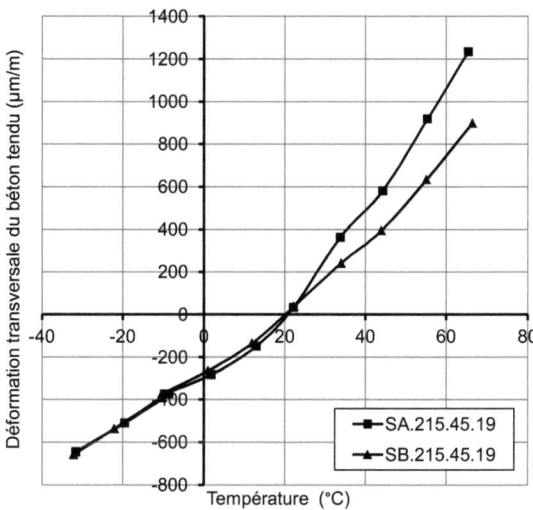

Figure 5.19 : Déformation thermique transversale du béton tendu, $c/d_b = 2,4$

(Dalle de jauges de déformations défectueuses, dalle SA)

Les figures 5.20 et 5.21 comparent les déformations thermiques longitudinales du béton tendu des dalles SA avec celles des dalles SB pour le premier cycle de chargement (pour une température variant de -30°C à +60°C et une charge mécanique de 20% F_u). Les déformations thermiques longitudinales du béton tendu ont été mesurées, seulement, pour les séries des dalles renforcées de barres N°16 et ayant un rapport c/d_b égale à 1,6 et 1,9. On peut remarquer que les déformations thermiques longitudinales du béton tendu des dalles SA n'ont pas été affectées par l'application de la charge mécanique.

94

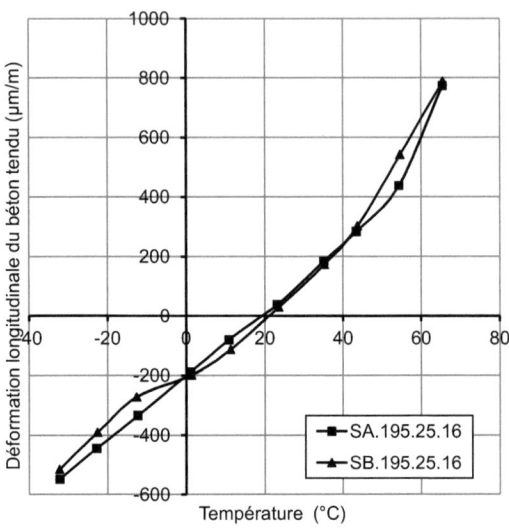

Figure 5.20 : Déformation thermique longitudinale du béton tendu, c/d$_b$ = 1,6

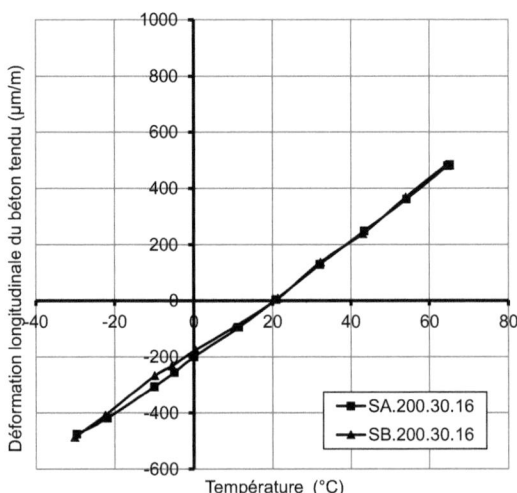

Figure 5.21 : Déformation thermique longitudinale du béton tendu, c/d$_b$ = 1,9

5.2.4 Effet d'épaisseur d'enrobage du béton et de diamètre de la barre

Les figures 5.22 et 5.23 présentent des comparaisons de déformation thermiques transversales des dalles SA et les dalles SB, respectivement, ayant différentes épaisseurs d'enrobage (25, 30, et 45 mm) et différents diamètre de barres (N°16 et N°19). Ces figures montrent que la variation de l'épaisseur d'enrobage du béton n'affecte pas les déformations thermiques transversales des barres. Cependant, l'augmentation de diamètre de la barre conduit à la diminution des ces déformations. Ceci est dû au coefficient d'expansion thermique des barres N°19 qui est inférieur à celui des barres N°16 (Tableau 4.1). Il faut noter que l'expansion transversale des barres de PRF est gouvernée par la résine constituant ces barres, alors que l'expansion longitudinale des barres est gouvernée par les fibres de renforcement [Vogel et Svecova, 2004]. Ceci est prouvé aussi par les résultats expérimentaux obtenus à partir des essais effectués sur des barres de PRFV isolées (N°16 and N°19) testées dans les mêmes conditions que celles des dalles étudiées (Figures 5.24 and 5.25). Les déformations longitudinales des barres isolées pour les deux diamètres ont été trouvées identiques, puisque les deux types des barres sont renforcés par le même type des fibres (Figures 5.26).

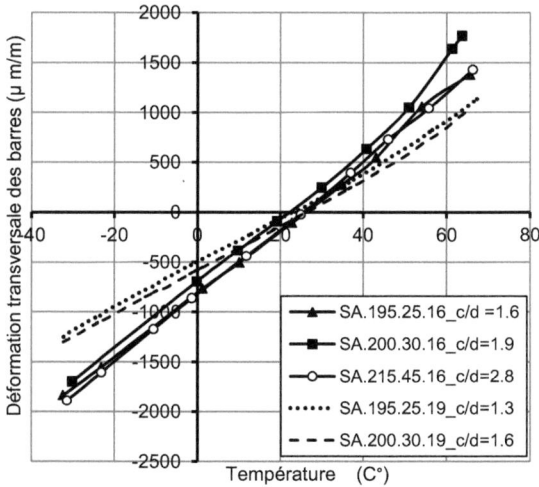

Figure 5.22 : Déformations transversales à l'interface *Barre/Béton* des dalles SA.

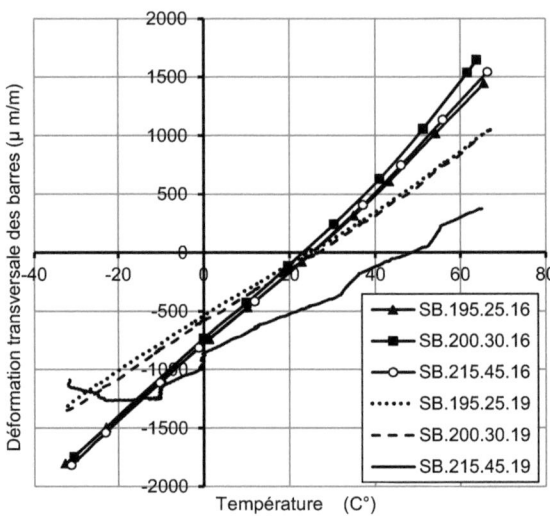

Figure 5.23 : Déformations transversales à l'interface *Barre/Béton* des dalles SB.

Figure 5.24 : Montage expérimental d'essai de traction conditionné sur les barres de PRFV.

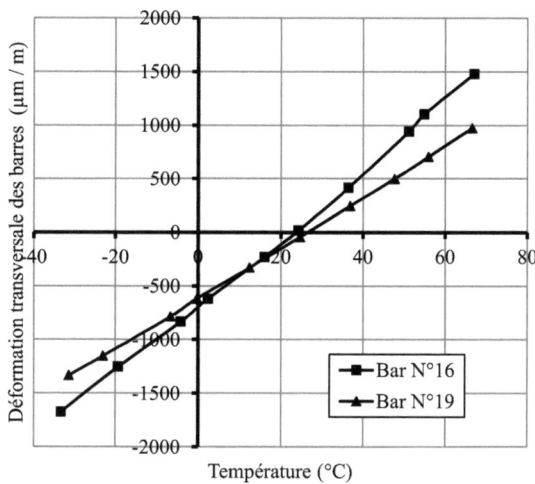

Figure 5.25 : Déformations transversales des barres isolées en PRFV.

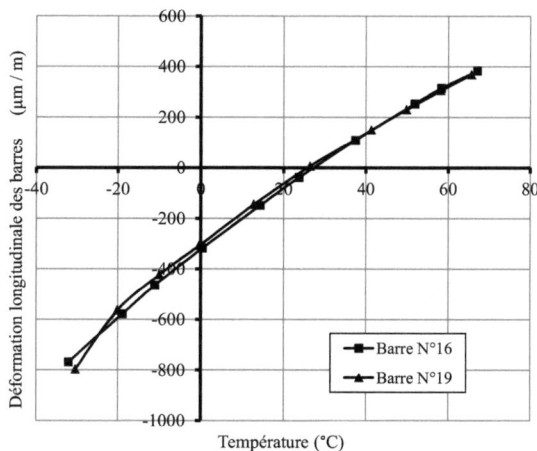

Figure 5.26 : Déformations longitudinales des barres isolées en PRFV.

5.3 Comportement flexionnel des dalles

Avant l'essai de flexion à quatre points, les dalles SA ont été soumises aux chargements combinés thermique et mécanique, les dalles SB ont été soumises à une charge thermique seule, et les dalles SC ont été conservées à la température ambiante de la chambre sans aucun chargement. L'essai de flexion a été effectué en trois étapes : Pour la première étape, la charge mécanique a été augmentée de zéro à 20% de la résistance ultime flexionnelle théorique (F_u) de la dalle. Pour la deuxième étape, la charge mécanique a été augmentée de zéro à 30%F_u. Pour la troisième étape, la charge mécanique a été augmentée jusqu'à la rupture de la dalle.

5.3.1 Fissuration et mode de rupture

La fissuration est initiée à mi- portée des dalles car le moment de flexion est maximum à cet endroit. La propagation des fissures dans les dalles a été suivie à l'aide des marqueurs durant tout l'essai comme le montre la Figure 5.27. La rupture de toutes les dalles s'est faite par cisaillement. Plusieurs fissures transversales et longitudinales sont apparues autour de la zone de cisaillement avant la rupture. La rupture est observée visuellement comme le montre la Figure 5.27 et elle est confirmée aussi par les résultats de déformations enregistrées. Ce mode de rupture est justifié par l'absence de ferraillage transversal dans les dalles. Le Tableau 5.1 présente les charges ultimes théoriques de flexion et de cisaillement calculées selon le code CSA-S806-12, ainsi que les charges ultimes expérimentales des dalles testées. Les résultats présentés dans le tableau montrent que la résistance au cisaillement théorique est proche de la charge de rupture expérimentale des dalles de référence SC, particulièrement pour les dalles armées de barres N°16, ce qui confirme le mode de cisaillement obtenu par les essais. Les charges de rupture des dalles SA et SB sont plus élevées que celles des dalles SC en raison de durcissement généré pendant les tests thermiques, comme c'est expliqué à la section 5.3.4

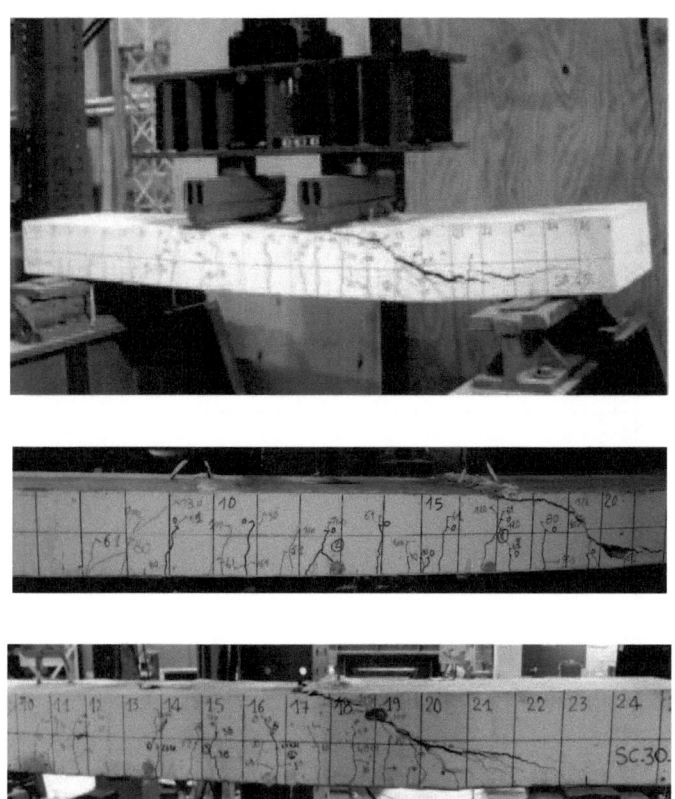

Figure 5.27. Schémas de fissuration typiques à la rupture des dalles SA.195.25.16 et
SC.200.30.16

Tableau 5.1. Charges ultimes expérimentales et théoriques des dalles testées.

Numéro de série	Identification	Fu de flexion Théorique-(kN)	Fu de cisaillement Théorique (kN)	Fu Expérimentale (kN)
1	SA.195.25.16			133
	SB.195.25.16			116
	SC. 195.25.16	200	104	109
2	SA.200.30.16			117
	SB. 200.30.16	188	103	n.a.
	SC. 200.30.16			110
3	SA. 215.45.16			118
	SB. 215.45.16			119
	SC. 215.45.16	200	114	103
4	SA.195.25.19			139
	SB.195.25.19	204	107	133
	SC. 195.25.19			151
5	SA.200.30.19			156
	SB. 200.30.19	212	111	162
	SC. 200.30.19			142
6	SA. 215.45.19			156
	SB. 215.45.19	212	120	n.a
	SC. 215.45.19			149

Il est à noter que les dalles des séries numéro 1 et 3 ont la même résistance à la compression du béton, et du même pour les séries numéro 5 et 6, comme indiqué dans le Tableau 4.2.

5.3.2 Comportement mécanique des barres ancrées dans le béton

Les figures 5.28 à 5.33 présentent la variation des déformations longitudinales à l'interface *Barre/Béton* en fonction de la charge mécanique, obtenues à l'essai de flexion à quatre – points sur les dalles SA, SB et SC ayant différentes épaisseurs d'enrobage (25, 30, et 45 mm) et de deux types de barres de PRFV (N°16 et N°19).

Ces figures montrent que le comportement des dalles SB est similaire à celui des dalles SC. Ceci nous permet de conclure que les cycles thermiques appliqués avant l'essai n'affectent pas le comportement flexionnel des dalles avant leur rupture par cisaillement. Cependant, les dalles pré-fissurées SA présentent un comportement différent par comparaison aux dalles SB et SC. Dès le début, on remarque que les déformations des barres de PRFV des dalles SA sont proportionnelles à la charge appliquée. Néanmoins, les déformations des barres de PRFV des dalles SB et SC restent faibles jusqu'à la fissuration du béton, ensuite, elles progressent rapidement pour une légère augmentation de charge, suivi par une augmentation graduelle des déformations avec l'augmentation de la charge jusqu'à la rupture.

Les cycles *charge-décharge* pour les dalles SA sont réversibles (Figures 5.28 à 5.33). Ce résultat est dû au comportement linéaire élastique des barres de PRF. Pour les dalles SB et SC, lorsque le cycle de déchargement est effectué avant l'apparition de la première fissure, le cycle *charge-décharge* est réversible. C'est le cas de la figure 5.30, où le déchargement est effectué à 41 kN, et l'apparition de la première fissure des dalles SB et SC était à 41 et 45 kN, respectivement. Lorsque le cycle de déchargement est effectué après l'apparition de la première fissure, le cycle *charge-décharge* est irréversible. C'est le cas des autres séries (Figures 5.28, 5.29, 5.31 à 5.32 et Tableau 5.2). Après le deuxième cycle de chargement le comportement des dalles revient linéaire. Cela veut dire que l'adhérence entre les barres de PRFV et béton des dalles SB n'a pas été affectée par les cycles thermiques appliqués avant l'essai de flexion.

Tableau 5.2. Résultats expérimentaux de l'essai de flexion à quatre – points.

Dalles	Charge ultime, P_{max} (kN)	Charge de la 1ère fissure, (kN)	Largeur max. de fissure, w_{max} (mm)	Flèche maximale, (mm)
SA.195.25.16	133,39	/	0,42	17,09
SB.195.25.16	115,57	36,26	0,58	17,58
SC.195.25.16	108,55	38,44	0,45	18,55
SA200.30.16	116,64	/	0,91	18,30
SB.200.30.16	/	/	/	/
SC.200.30.16	109,63	27,30	0,67	21,05
SA.215.45.16	118,45	/	1,14	16,04
SB.215.45.16	119,50	41,09	1,11	17,52
SC.215.45.16	102,82	45,54	1,05	14,28
SA.195.25.19	138,84	/	1,09	20,18
SB.195.25.19	132,81	33,34	1,34	24,16
SC.195.25.19	150,99	30,61	0,34	26,89
SA.200.30.19	155,87	/	1,71	18,74
SB.200.30.19	161,64	41,55	1,43	22,72
SC.200.30.19	141,80	33,83	0,84	21,19
SA.215.45.19	155,87	/	1,63	18,25
SB.215.45.19	/	/	/	/
SC.215.45.19	149,43	39,69	1,34	21,70

Note : Les dalles SB.200.30.16 et SB.215.45.19 ont été cassées avant l'essai de flexion.

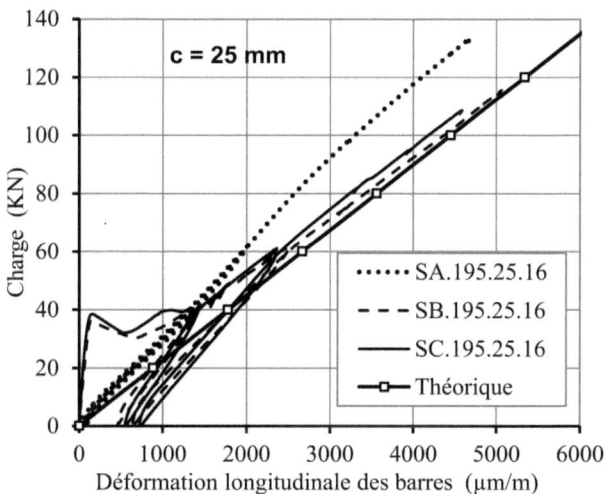

Figure 5.28. Courbes charge–déformation longitudinale à l'interface *Barre/Béton*, d_b = 16 mm

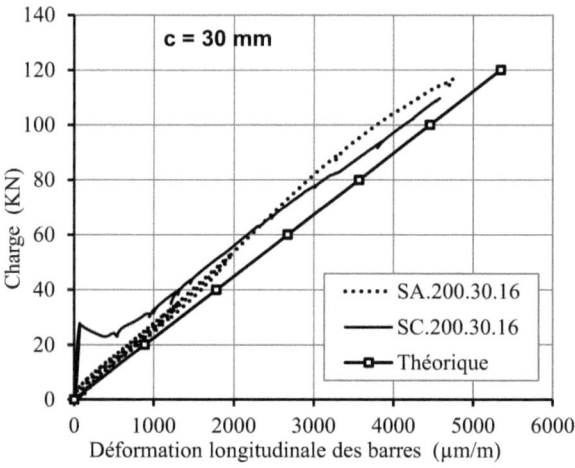

Figure 5.29. Courbes charge–déformation longitudinale à l'interface *Barre/Béton*, d_b = 16 mm

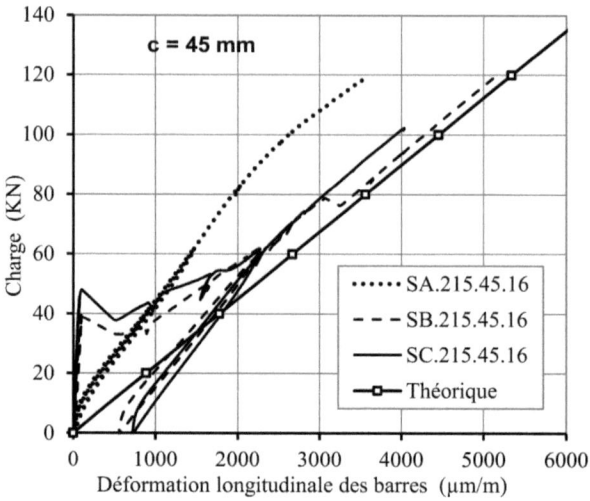

Figure 5.30. Courbes charge–déformation longitudinale à l'interface *Barre/Béton*, d_b = 16 mm

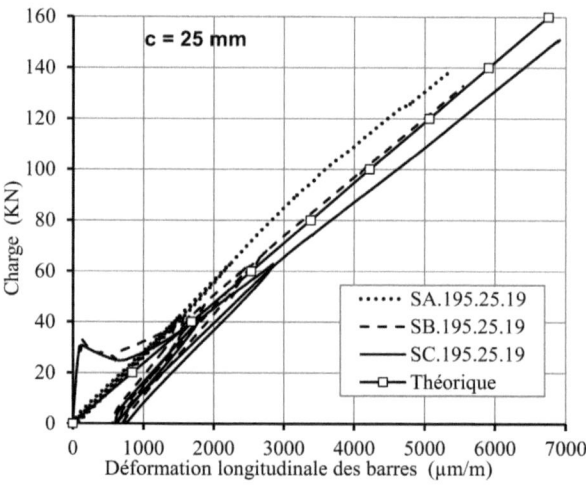

Figure 5.31. Courbes charge–déformation longitudinale à l'interface *Barre/Béton*, d_b = 19 mm

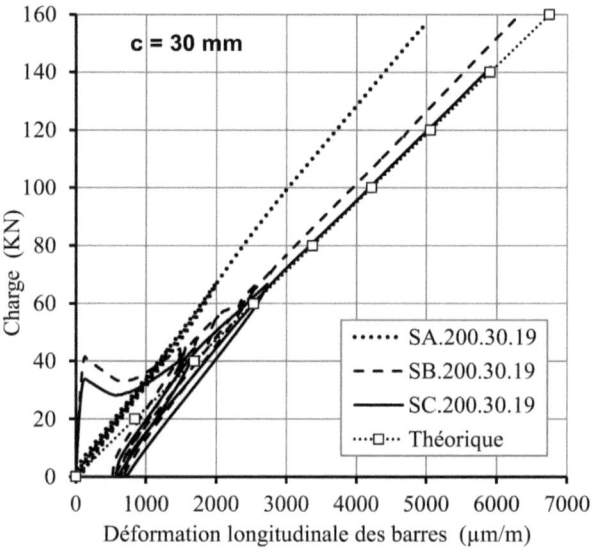

Figure 5.32. Courbes charge–déformation longitudinale à l'interface *Barre/Béton*, d_b = 19 mm

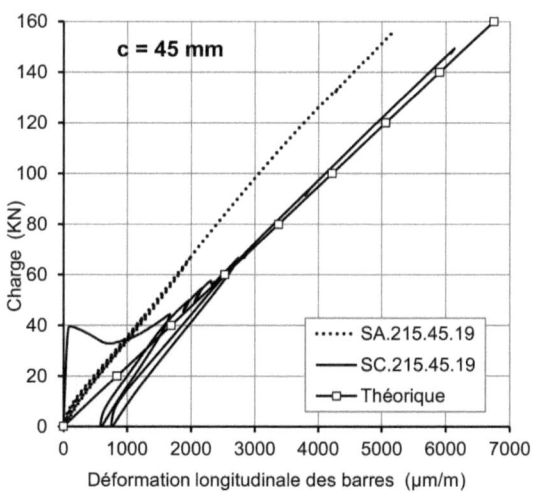

Figure 5.33. Courbes charge–déformation longitudinale à l'interface *Barre/Béton*, d_b = 19 mm

Les figures 5.34 à 5.39 présentent la variation des déformations transversales à l'interface *Barre/Béton* en fonction de la charge mécanique. Les courbes présentées dans ces figures ont les mêmes allures que celles des déformations longitudinales, mais avec un rapport de 0,28 qui est dû à l'effet de Poisson.

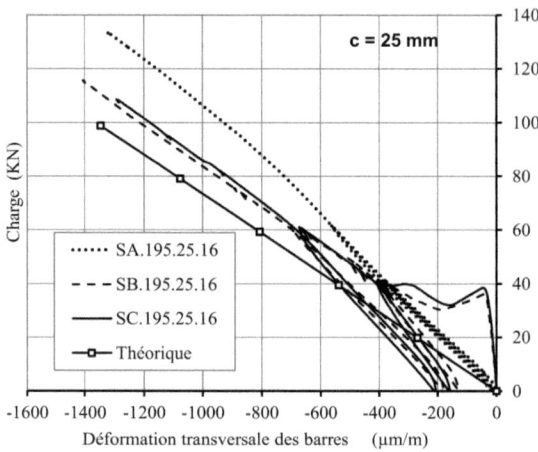

Figure 5.34. Courbes charge–déformation transversale à l'interface *Barre/Béton*, d_b = 16 mm

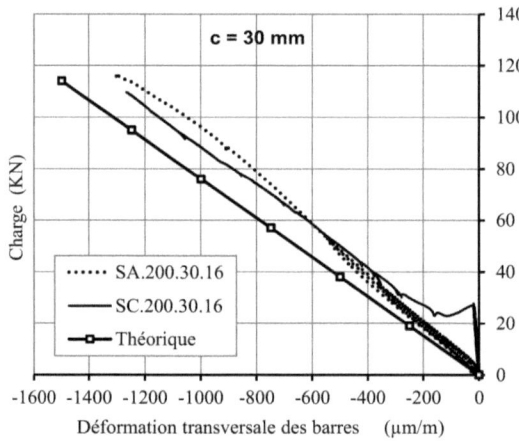

Figure 5.35. Courbes charge–déformation transversale à l'interface *Barre/Béton*, d_b = 16 mm

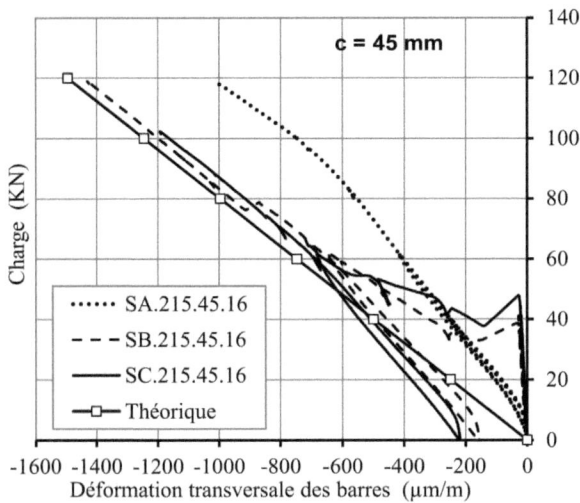

Figure 5.36. Courbes charge–déformation transversale à l'interface *Barre/Béton*, d_b = 16 mm

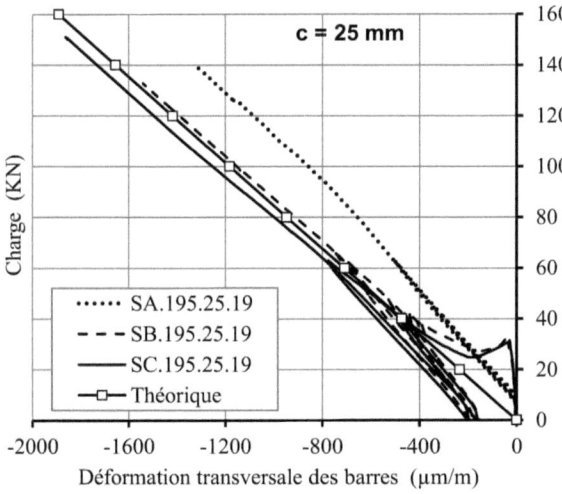

Figure 5.37. Courbes charge–déformation transversale à l'interface *Barre/Béton*, d_b = 19 mm

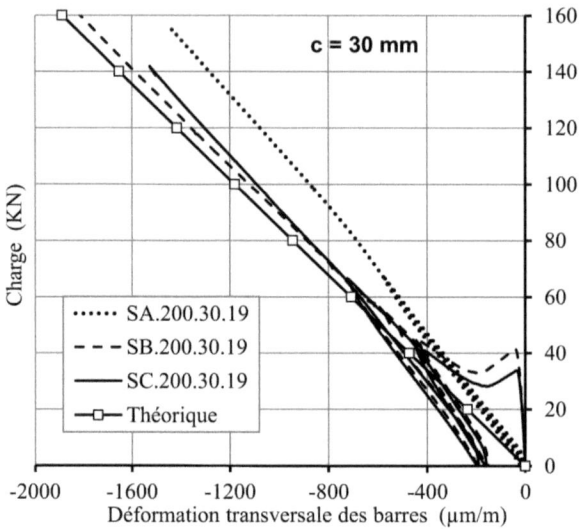

Figure 5.38. Courbes charge–déformation transversale à l'interface *Barre/Béton*, d_b = 19 mm

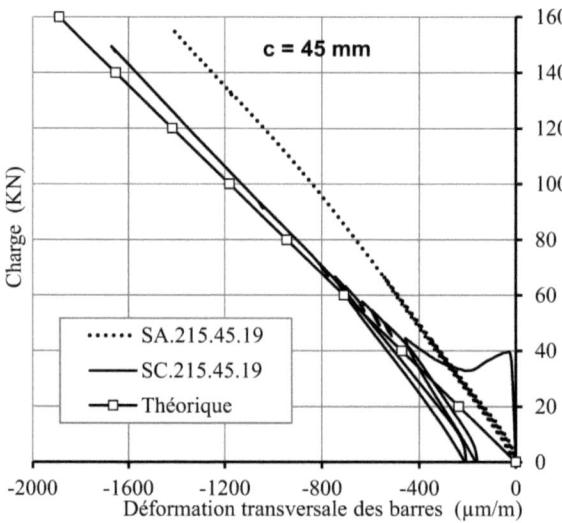

Figure 5.39. Courbes charge–déformation transversale à l'interface *Barre/Béton*, d_b = 19 mm

Les figures 5.28 à 5.39 présentent aussi une comparaison entre les résultats expérimentaux et les résultats théoriques calculés selon la théorie de mécanique de solide. Les valeurs théoriques des déformations sont obtenues par la loi de Hooke.

$$\varepsilon_f = \frac{f_f}{E_{prf}}$$ (5.1)

Où, f_f est la contrainte de traction, au niveau de la barre de PRF due à une charge de service, évaluée par l'équation 3.50.

Ces figures montrent que le comportement des barres de PRFV ancrées dans le béton des dalles SA, SB, et SC exhibe d'une manière générale une rigidité très grande que la rigidité prédite théoriquement. Cependant, la rigidité des barres dans les dalles pré-fissurées SA sont plus proches à la rigidité théorique. Cet effet est dû à la dégradation d'adhérence, à l'interface *Barre/Béton* des dalles SA, causée par la charge mécanique appliquée avant l'essai de flexion. Par conséquent, les barres de PRFV des dalles SA se comportent comme étant presque isolées. Néanmoins, pour les dalles SB et SC, les contraintes d'adhérence contribuent à l'augmentation de la rigidité à l'interface *Barre/Béton* avant la fissuration du béton. Après l'apparition des fissures (c.à.d. pour une charge supérieure à 20% F_u), les barres de PRFV présentent une grande ductilité à l'interface *Barre/Béton* des dalles SB et SC par comparaison aux dalles SA. Ce résultat est dû à la contribution des contraintes d'adhérence du béton des dalles SB et SC. On peut conclure que les cycles thermiques appliqués avant l'essai de flexion n'ont pas affecté l'adhérence des barres de PRFV.

5.3.3 Effet de l'épaisseur d'enrobage du béton sur le comportement flexionnel des barres en PRFV

Les figures 5.40 à 5.45 présentent les déformations longitudinales des barres de PRFV en fonction de la charge mécanique, obtenues de l'essai de flexion à quatre-points effectué sur les dalles de béton armé SA, SB, et SC, ayant différentes épaisseurs d'enrobage (25, 30, et 45 mm). Ces figures montrent que l'épaisseur d'enrobage n'a pas d'effet significatif sur la rupture des dalles car la hauteur utile des sections des dalles a été gardée constante pour toutes les dalles, en particulier pour les charges de service. Selon la théorie des poutres, la déformation longitudinale des barres, avant la fissuration du béton, est indépendante de la valeur de l'épaisseur d'enrobage. Ceci est confirmé aussi par les résultats expérimentaux des dalles SB et SC (Figures 5.42 à 5.45) mais ce n'est pas le cas pour les dalles pré-fissurées SA (Figures 5.40 et 5.41). Donc, on peut conclure que la théorie des poutres est valide aussi pour les charges de service des dalles en béton armé de barres en PRF soumises à des températures variant de −30 à 60 °C (dalles SB). En outre, les figures 5.40 et 5.41 montrent aussi que le comportement des barres de PRFV des dalles SA est linéaire élastique jusqu'à 67% de la résistance ultime de cisaillement des dalles testées.

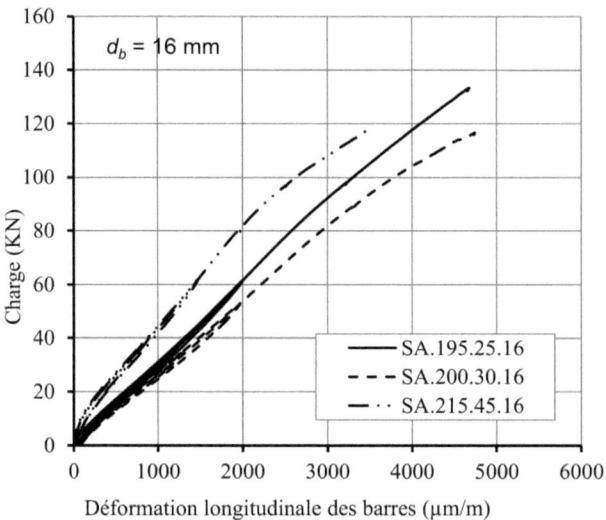

Figure 5.40. Courbes charge – déformation longitudinale à l'interface *Barre/Béton* pour différentes épaisseurs d'enrobage des dalles SA, d_b = 16 mm.

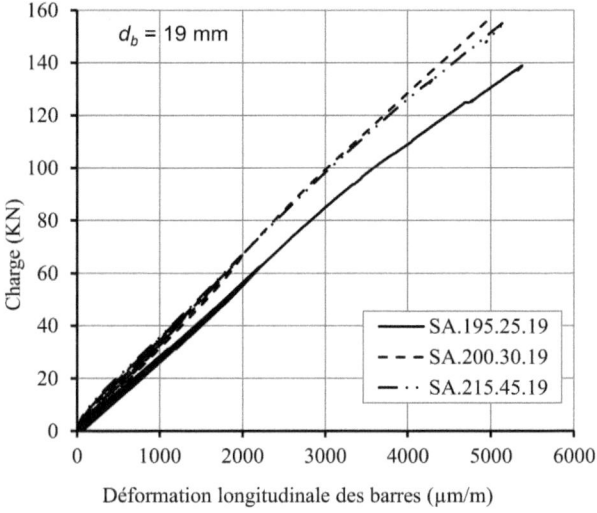

Figure 5.41. Courbes charge – déformation longitudinale à l'interface *Barre/Béton* pour différentes épaisseurs d'enrobage des dalles SA, d_b = 19 mm.

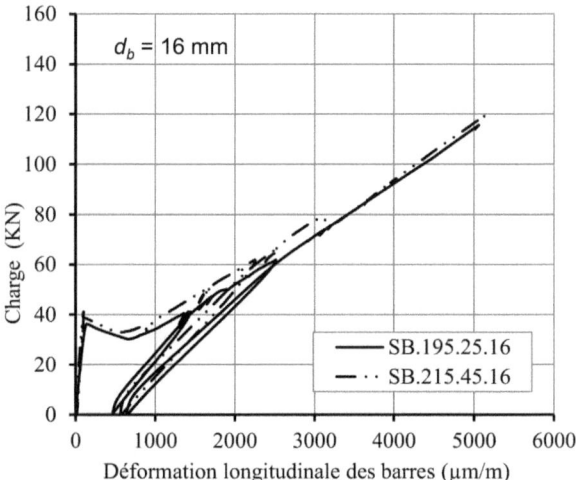

Figure 5.42. Courbes charge – déformation longitudinale à l'interface *Barre/Béton* pour différentes épaisseurs d'enrobage des dalles SB, d_b = 16 mm.

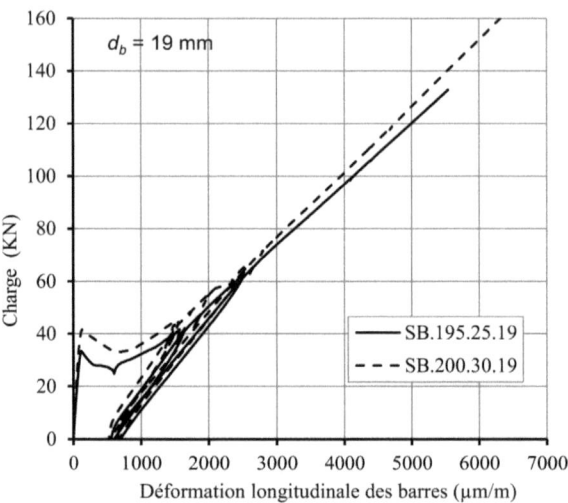

Figure 5.43. Courbes charge – déformation longitudinale à l'interface *Barre/Béton* pour différentes épaisseurs d'enrobage des dalles SB, d_b = 19 mm.

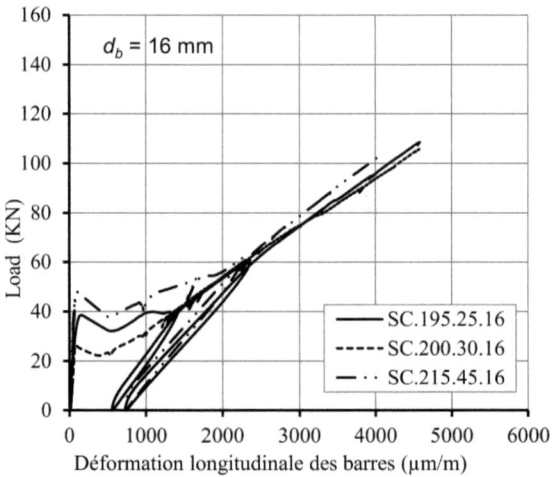

Figure 5.44. Courbes charge – déformation longitudinale à l'interface *Barre/Béton* pour différentes épaisseurs d'enrobage des dalles SC, d_b = 16 mm.

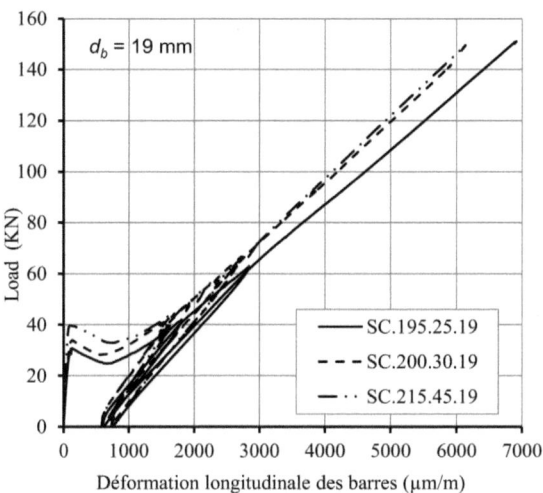

Figure 5.45. Courbes charge – déformation longitudinale à l'interface *Barre/Béton* pour différentes épaisseurs d'enrobage des dalles SC, d_b = 19 mm.

5.3.4   Analyse de la flèche

Les figues 5.46 à 5.53 montrent la variation de la flèche en fonction de la charge mécanique, à mi- portée des dalles, obtenue à partir de l'essai de flexion à quatre-points pour les dalles SA, SB et SC ayant différentes épaisseurs d'enrobage du béton (25, 30 et 45 mm). Avant les essais de flexion, la dalle SA a été testée sous chargements combinés thermique et mécanique, la dalle SB a été testée sous des charges thermiques seules alors que la dalle SC a été maintenue dans les conditions ambiantes sans aucun chargement. L'essai de flexion a été réalisé sur trois phases: pour la première phase, la charge a été augmentée de zéro à 20% de la charge ultime de flexion de la dalle (F_u). Pour la deuxième phase, la charge a été augmentée de zéro à 30% de F_u. Pour la troisième phase, la charge a été augmentée de zéro jusqu'à la rupture des dalles.

Les figures 5.46 à 5.51 montrent que la flèche et le comportement flexionnel des dalles SB sont presque similaires à ceux des dalles de référence SC. Cependant, la rigidité à la charge de service des dalles SA est plus faible, néanmoins la charge de rupture des dalles SA est plus élevée. Ces figures montrent que la résistance ultime de cisaillement des dalles SA et SB est

114

plus élevée que celle des dalles SC. Cette augmentation est estimée de 23%, 6%, 16%, 10% et 4%, pour les dalles SA.25.16, SA.30.16, SA.45.16, SA.30.19 et SA.45.19, respectivement (Tableau 5.1). On peut conclure que les charges thermiques et mécaniques appliquées avant l'essai de flexion contribuent à augmenter la capacité ultime de cisaillement des dalles pour un rapport d'épaisseur d'enrobage de béton au diamètre de la barre (c/d_b) varie entre 1,6 et 2,8. Cette amélioration est probablement due à l'amélioration des propriétés mécaniques des barres en PRF à cause de leur durcissement thermique. Cette hypothèse est prouvée par une comparaison effectuée entre la résistance à la traction des barres isolées N°16 soumises à des charges combinées thermique et mécanique similaires à celles des barres ancrées dans les dalles SA, et la résistance à la traction des barres conservées dans la température ambiante. On a trouvé que la résistance à la traction des barres de PRFV augmente après l'application des cycles thermiques.

Généralement, le comportement en flexion des éléments conditionnés n'est pas beaucoup affecté par l'effet combiné des cycles de *Gel/Dégel* et de la charge mécanique. Ces charges ont comme effet de réduire la rigidité des dalles aux charges de service, cela est dû à l'apparition de fissures initiées lors de la phase d'essais conditionnés.

Les figures 5.46 à 5.51 montrent aussi une comparaison entre les résultats expérimentaux et les résultats théoriques en termes de la flèche. On remarque que les valeurs des flèches calculées selon le code CSA (CAN/CSA S806-12) sont très proches à celles évaluées par le guide ACI (ACI 440-1R-06). Les valeurs de la rigidité calculées selon les deux codes sont en bonne corrélation avec les résultats expérimentaux. Néanmoins, pour les charges de service, les flèches obtenues par le code CSA sont surestimées par rapport à celles obtenues par le guide ACI. Ceci est dû au fait que l'approche de moment d'inertie effective utilisée par le guide ACI est plus représentative que l'approche de moment d'inertie de la section fissurée recommandée par le code CSA. Par conséquent, on peut confirmer que le code CSA est plus conservateur pour le calcul des dalles en béton armé de barres en PRF.

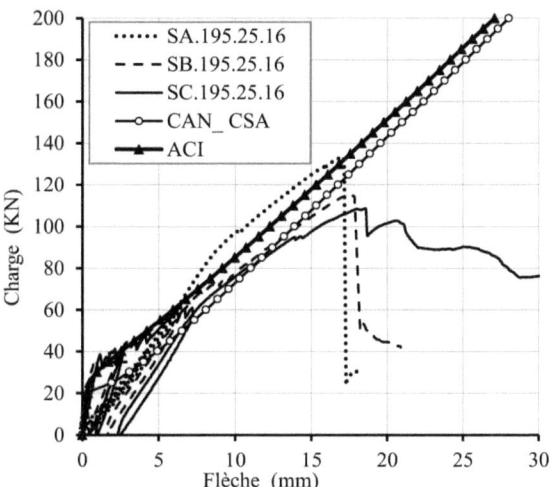

Figure 5.46. Courbes charge – flèche à mi- travée des dalles, d_b = 16 mm, c = 25 mm

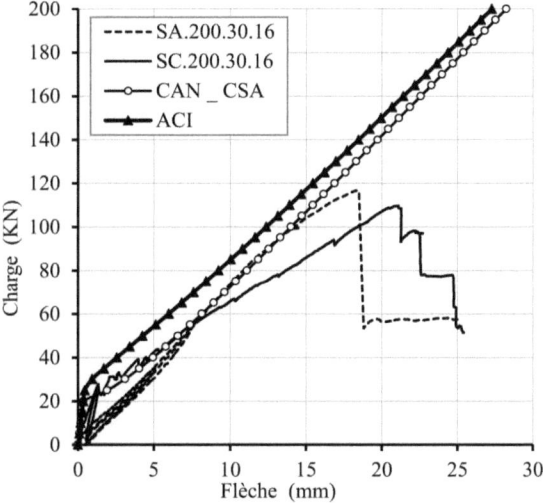

Figure 5.47. Courbes charge – flèche à mi- travée des dalles, d_b = 16 mm, c = 30 mm

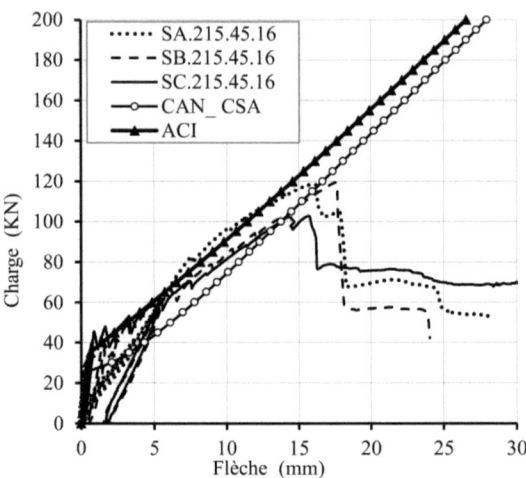

Figure 5.48. Courbes charge – flèche à mi- travée des dalles, d_b = 16 mm, c = 45 mm

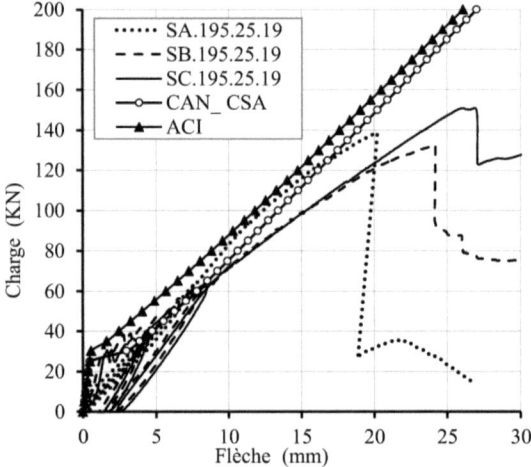

Figure 5.49. Courbes charge – flèche à mi- travée des dalles, d_b = 19 mm, c = 25 mm

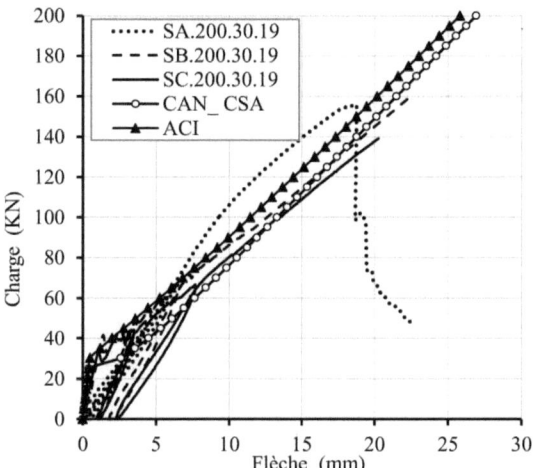

Figure 5.50. Courbes charge – flèche à mi- travée des dalles, d_b = 19 mm, c = 30 mm

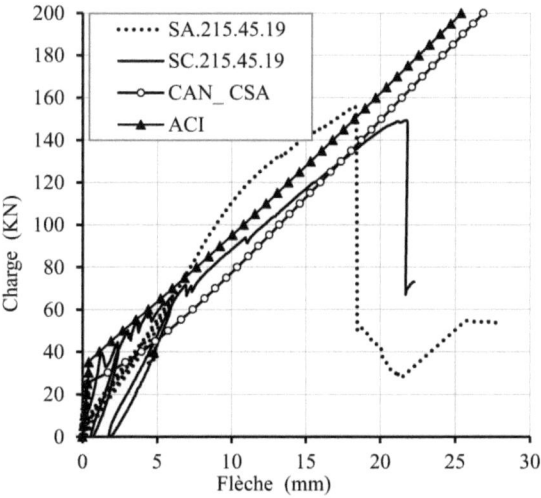

Figure 5.51. Courbes charge – flèche à mi- travée des dalles, d_b = 19 mm, c = 45 mm

Les figues 5.52 et 5.53 présentent respectivement les courbes charge – flèche des dalles SA et SC, ayant différentes épaisseurs d'enrobage du béton (25, 30 et 45 mm) et différents diamètres de barre de PRFV (N°16 et N°19). On peut observer que l'épaisseur d'enrobage n'a pas de grand effet sur la résistance ultime de cisaillement des dalles puisque la hauteur utile de toutes les dalles a été gardée constante. Toutefois, les dalles renforcées par des barres N°19 ont une résistance ultime plus élevée, sachant que le taux d'armature est le même pour toutes les dalles (Tableau 4.3). Ceci est probablement dû à la résistance de compression du béton, qui est plus faible pour les dalles renforcées par des barres N°16 (Tableau 4.2). On constate aussi que les dalles SA.30.19 et SA.45.19 ont les mêmes valeurs de flèche car ils ont la même résistance de compression (36,93 MPa). De même pour les dalles SA.25.16 et SA.45.16 qui ont toutes les deux la même résistance de compression (33,83 MPa), ont aussi la même valeur de la flèche. Donc, on peut conclure que la flèche et la capacité ultime des dalles en béton armé de barres en PRFV sous charges combinées thermique et mécanique, sont affectées par la résistance de compression du béton, mais sans être affectées par la variation de l'épaisseur d'enrobage de béton.

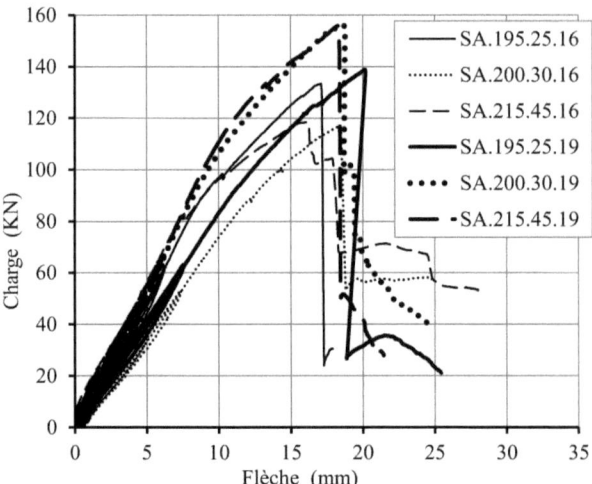

Figure 5.52. Courbes charge – flèche à mi- travée des dalles SA, ayant différentes épaisseurs d'enrobage et différents diamètre de barre de PRFV.

119

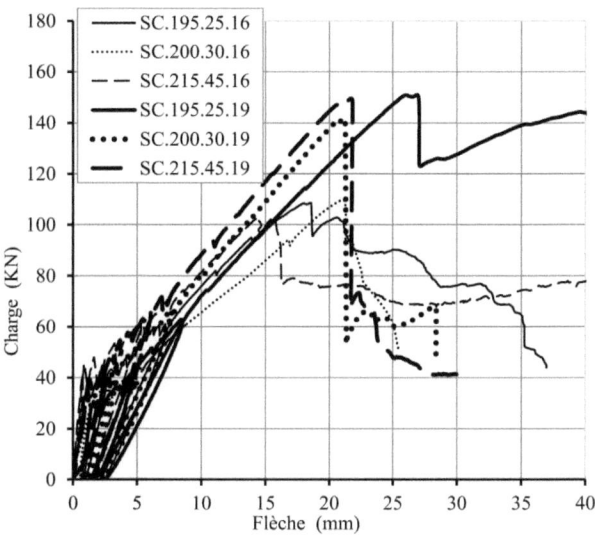

Figure 5.53. Courbes charge – flèche à mi- travée des dalles SC, ayant différentes épaisseurs d'enrobage et différents diamètre de barre de PRFV.

5.3.5 Analyse de la largeur des fissures

Il est à noter que pour les éléments en béton renforcé de barres en PRF, le Manuel N°3 d'ISIS (2007) recommande de limiter la largeur maximale des fissures à 0,7 mm et 0,5 mm pour les éléments de béton à l'abri des intempéries et les éléments exposés aux intempéries, respectivement. Comme le montre le Tableau 5.3, pour les dalles renforcées de barres N°16, à un niveau de chargement allant jusqu'à 30% de la résistance ultime flexionnelle (F_u), on remarque que la largeur des fissures des dalles testées est inférieure à la largeur des fissures admissible pour les éléments exposés aux intempéries, particulièrement, pour les épaisseurs d'enrobage de 25 et 30 mm. Cependant, pour l'épaisseur d'enrobage de 45 mm, les résultats expérimentaux de la largeur des fissures sont supérieurs à la valeur limite (0,5 mm) pour un niveau de chargement de 30% F_u. Donc, on peut conclure que le niveau de chargement doit être inférieur à 30% F_u afin de garder la largeur des fissures de service inférieure à la valeur limite exigée par ISIS (2007). Tandis que, pour les dalles renforcées de barres N°19, le niveau de chargement ne doit pas dépasser 20% F_u pour les mêmes raisons.

120

Tableau 5.3. Résultats expérimentaux de la charge de la 1ère fissure et la largeur des fissures à 20%, 30%, et 40% de la résistance ultime flexionnelle (F_u) des dalles testées.

Dalles	Charge d'apparition de la 1ère fissure (kN)	Largeur des fissures à 20%Fu (mm)	Largeur des fissures à 30%F_u (mm)	Largeur des fissures à 40%F_u (mm)
SA.195.25.16	/	0,29	0,38	0,47
SB.195.25.16	38,44	0,08	0,27	0,45
SC. 195.25.16	39,89	0,12	0,28	0,50
SA.200.30.16	/	0,30	0,45	0,59
SC. 200.30.16	27,78	0,18	0,41	0,70
SA. 215.45.16	/	0,45	0,59	0,72
SB. 215.45.16	38,4	0,28	0,54	0,78
SC. 215.45.16	45,54	0,28	0,52	0,96
SA.195.25.19	/	0,43	0,60	0,82
SB.195.25.19	33,34	0,41	0,61	0,85
SC. 195.25.19	30,61	0,30	0,38	0,52
SA.200.30.19	/	0,61	0,83	1,11
SB. 200.30.19	41,55	0,32	0,52	0,71
SC. 200.30.19	33,83	0,08	0,40	0,71
SA. 215.45.19	/	0,62	0,79	0,94
SC. 215.45.19	39,69	0,50	0,70	0,88

Les figures 5.54 à 5.59 présentent la variation de la largeur des fissures en fonction de la charge mécanique obtenue à partir de l'essai de flexion à quatre-points pour les dalles SA, SB et SC ayant différentes épaisseurs d'enrobage du béton (25, 30 et 45 mm) et renforcées par deux types de barre (N°16 et N°19). Pour les dalles renforcées de barres N°16 (Figures 5.54 à 5.56), on observe que les largeurs des fissures des dalles SB sont proches de celles des dalles SC pour les charges inferieures à 30% F_u. Par conséquent, on peut conclure que les cycles thermiques appliqués avant l'essai de flexion n'affectent pas l'ouverture des fissures à l'état de service. Néanmoins, les charges de l'apparition de la 1ère fissure des dalles SB sont plus petites que celles des dalles SC (Tableau 5.3). Ceci est dû au développement des microfissures radiales autour des barres de PRFV dans le béton des dalles SB pendant les cycles thermiques, ce qui réduit la résistance du béton. Les dalles SA ont été auparavant fissurées sous l'effet de la charge mécanique appliquée dans la chambre environnementale.

Pour les dalles renforcées de barres N°19 (Figures 5.57 à 5.59), on remarque que les largeurs des fissures des dalles SB sont supérieures à celles des dalles SC. De ces figures, on peut conclure que les cycles thermiques appliqués avant l'essai de flexion affectent l'ouverture des fissures des dalles testées. De ce fait, on peut dire que l'effet de la température sur les dalles en béton armé de barres en PRFV augmente avec l'augmentation de diamètre des barres de PRFV. Ce résultat obtenu est confirmé aussi par El-Zaroug (2007), il est interprété par la perte de l'adhérence entre le béton et la barre de PRFV sous haute température, particulièrement, pour les grands diamètres de barre et les petites épaisseurs d'enrobage.

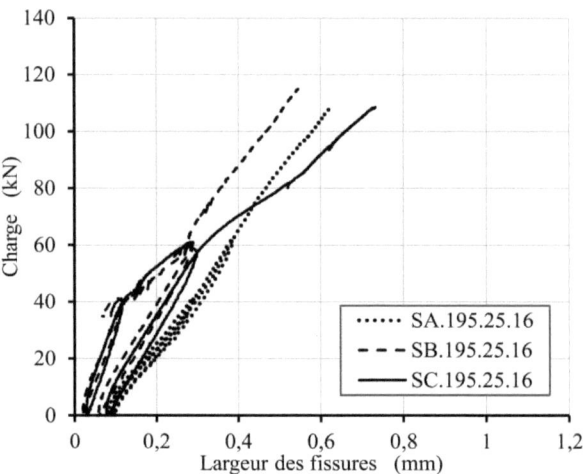

Figure 5.54. Courbes charge – largeur des fissures, d_b = 16 mm, c = 25 mm

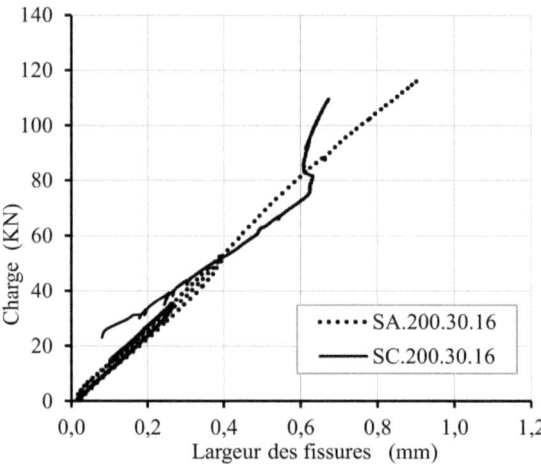

Figure 5.55. Courbes charge – largeur des fissures, d_b = 16 mm, c = 30 mm

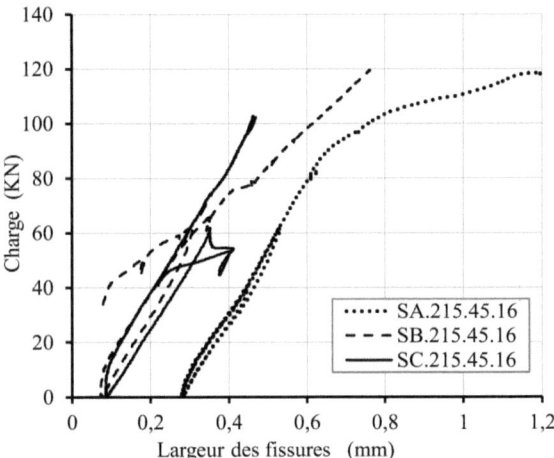

Figure 5.56. Courbes charge – largeur des fissures, d_b = 16 mm, c = 45 mm

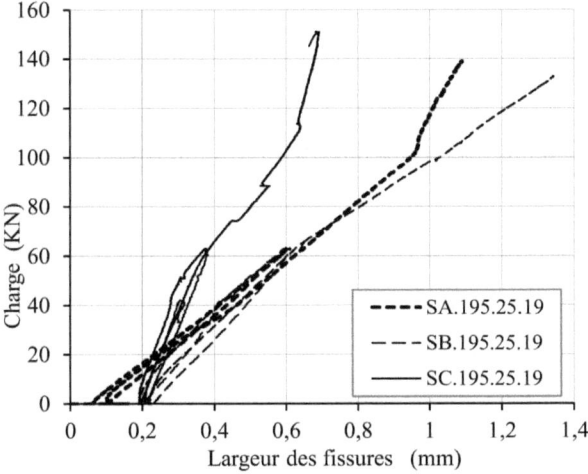

Figure 5.57. Courbes charge – largeur des fissures, d_b = 19 mm, c = 25 mm

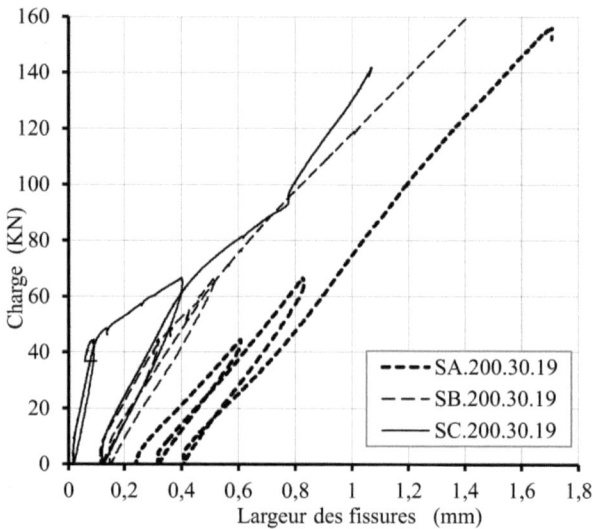

Figure 5.58. Courbes charge – largeur des fissures, d_b = 19 mm, c = 30 mm

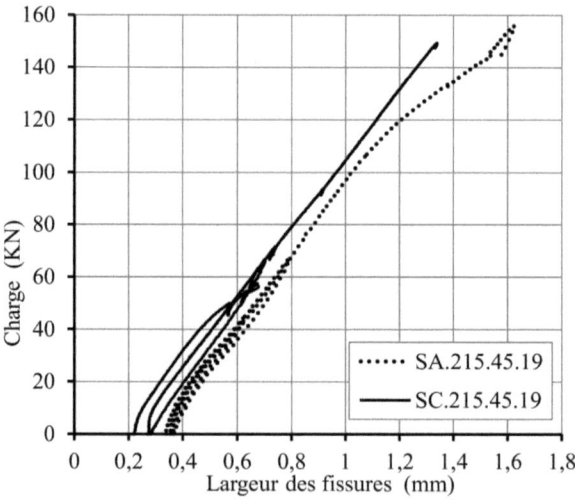

Figure 5.59. Courbes charge – largeur des fissures, d_b = 19 mm, c = 45 mm

La figure 5.60 montre une comparaison des résultats en termes de largeurs des fissures des dalles SA ayant différentes épaisseurs d'enrobage (25, 30, et 45 mm) et deux types de diamètre de barre (N°16 et N°19). De cette figure, on remarque que la largeur des fissures augmente avec l'augmentation de diamètre des barres. Ceci est probablement dû à l'espacement prévu entre les barres. Les dalles renforcées de barres N°19 ont un espacement entre barres plus grand que celui des dalles renforcées de barres N°16, par conséquent, les forces d'adhérence dans ces dernières sont plus fortes. La figure montre aussi que la largeur des fissures augmente avec l'augmentation de l'épaisseur d'enrobage du béton. Cette constatation est approuvée aussi par les expressions théoriques de la largeur des fissures ci-dessous recommandée par les codes de calcul (Équations 3.49 et 3.53, voir section 3.3.5.2). Ces résultats prouvent que l'espacement des barres et l'épaisseur d'enrobage influe considérablement sur la largeur des fissures des dalles en béton armé de barres en PRFV et soumises simultanément à des charges thermique et mécanique.

$$w = 2\frac{f_{frp}}{E_{frp}}\frac{h_2}{h_1}k_b\sqrt{d_c^2 + \left(\frac{s}{2}\right)^2} \qquad \text{(Équation 3.49, section 3.3.5.2 du présent manuscrit)}$$

$$w = 2,2\frac{f_f}{E_f}\frac{h_2}{h_1}k_b\left(d_c A\right)^{1/3} \qquad \text{(Équation 3.53, section 3.3.5.2 du présent manuscrit)}$$

Où :

d_c Distance mesurée du centre de gravité de l'armature tendue à la face extrême tendue, mm

h_2 Distance de la face extrême tendue à l'axe neutre, mm

h_1 Distance du centre de gravité de l'armature tendue à l'axe neutre, mm

s Espacement des barres longitudinales de PRF, mm

A Aire effective du béton tendue entourant l'armature tendue et ayant le même centre de gravité que celui de l'armature tendue divisée par le nombre de barres, mm²

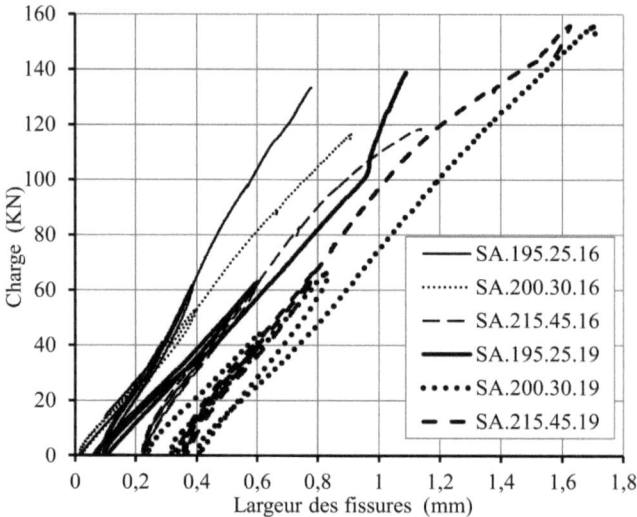

Figure 5.60. Courbes charge – largeur des fissures des dalles SA.

CHAPITRE 6
MODÈLE ANALYTIQUE

6.1 Introduction

L'incompatibilité thermique entre le béton durci et les barres en PRF due à la différence entre les coefficients d'expansion thermique du béton et celui de la barre dans la direction transversale, engendre une pression radiale exercée par la barre sur le béton d'enrobage. Cette pression peut conduire à l'apparition des fissures radiales dans le béton sous hautes températures. Comme elle peut induire des fissures circonférentielles dans le cas où le béton est sous basses températures. Ces fissures apparaissent lorsque la contrainte de traction, à l'intérieur du béton d'enrobage, atteint la résistance du béton à la traction. Aiello *et al.,* (2001), Masmoudi *et al.,* (2005) et Zaidi et Masmoudi, (2008) ont développé un modèle analytique basé sur la théorie d'élasticité permettant d'évaluer les contraintes et les déformations transversales dans l'enrobage de béton et les barres en PRF sous charges thermique. Ce modèle a été modifié dans ce chapitre afin de tenir compte l'effet combiné des charges thermiques et mécanique sur le comportement du béton d'enrobage. L'étude analytique comprend l'analyse de l'effet du rapport de l'épaisseur d'enrobage du béton au diamètre de la barre de PRF (c/d_b) sur les contraintes et les déformations transversales ainsi sur les charges thermiques produisant les premières fissures dans le béton à l'interface *barre/béton*. En outre, ce chapitre présente aussi une comparaison entre les résultats analytiques et expérimentaux en termes de déformations transversales.

6.2 Modèle analytique

Le modèle analytique est établi pour analyser l'effet combiné de la charge thermique ΔT et la charge axiale N sur le comportement d'un cylindre en béton renforcé axialement par une barre en PRF (Figure 6.1a). Le modèle étudié est basé sur les hypothèses suivantes:

- Une adhérence parfaite entre le béton et la barre en PRF.

- Le comportement de la barre en PRF et celui du béton sont élastiques linéaires.

- La section transversale du cylindre reste plane après déformations.

- Absence des armatures transversales afin d'évaluer seulement la contribution de l'enrobage du béton pour soutenir les contraintes de traction due aux charges appliquées.

- La barre est considérée transversalement isotrope.

- État plan de contraintes.

6.2.1 Contraintes dans le béton dues à la pression radiale P

La déformation de l'élément en béton sous la pression radiale interne P exercée par la barre en PRF sur le béton se compose d'un déplacement radial variable le long du rayon de surface cylindrique et un déplacement circonférentiel constant le long du périmètre de rayon de cette surface.

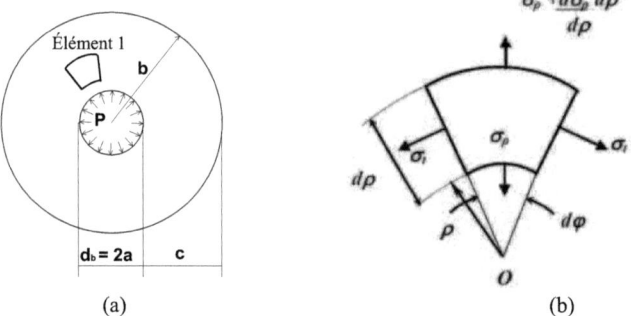

(a)   (b)

Figure 6.1   Modèle Axisymétrique d'un cylindre en béton armé de barre en PRF centrée au milieu. (a)   Pression radiale P exercée par la barre en PRF sur le béton. (b)   Contrainte radiale et circonférentielle dans l'élément 1.

Si u est le déplacement radial de la surface cylindrique de rayon ρ, alors $u + \dfrac{du}{d\rho} d\rho$ est le déplacement radial de la surface cylindrique de rayon $\rho + d\rho$. La déformation radiale ε_ρ et la déformation circonférentielle ε_t, dans un élément du béton situé à un rayon ρ mesuré à partir du centre de gravité de la barre en PRF ancrée dans le béton (Figure 6.1b), sont comme suit:

$$\varepsilon_\rho = \frac{du}{d\rho} \tag{6.1}$$

$$\varepsilon_t = \frac{u}{\rho} \tag{6.2}$$

Les expressions de la contrainte radiale σ_ρ et de la contrainte circonférentielle σ_t, en fonction des déformations de l'élément considéré, déterminées par la *théorie d'élasticité* [Timoshenko et Goodier, 1970] pour les cylindres creux sous pression hydrostatique interne P, en considérant la solution en contraintes planes, sont données par :

$$\sigma_\rho = \frac{E_c}{1-v_c^2}\left(\varepsilon_\rho + v_c \varepsilon_t\right) = \frac{E_c}{1-v_c^2}\left[\frac{du}{d\rho} + v_c \frac{u}{\rho}\right] \tag{6.3}$$

$$\sigma_t = \frac{E_c}{1-v_c^2}\left(\varepsilon_t + v_c \varepsilon_\rho\right) = \frac{E_c}{1-v_c^2}\left[\frac{u}{\rho} + v_c \frac{du}{d\rho}\right] \tag{6.4}$$

Où E_c est le module d'élasticité du béton, et v_c est le coefficient de Poisson du béton.

L'équation d'équilibre du même élément du cylindre est déterminée en faisant la somme des forces suivant la direction de la bissectrice de l'angle $d\varphi$, on obtient :

$$\sigma_\rho.\rho.d\varphi + 2\sigma_t.d\rho.\frac{d\varphi}{2} - \left(\sigma_\rho + \frac{d\sigma_\rho}{d\rho}d\rho\right)(\rho + d\rho)d\varphi = 0 \tag{6.5}$$

Négligeant les termes de second ordre, l'équation 6.5 devient :

$$\frac{d\sigma_\rho}{d\rho} + \frac{\sigma_\rho - \sigma_t}{\rho} = 0 \qquad (6.6)$$

Remplaçant les expressions de σ_ρ et σ_t (équations 6.3 et 6.4) dans l'équation 6.6, on obtient l'équation d'équilibre en terme de déplacement.

$$\frac{d^2u}{d\rho^2} + \frac{1}{\rho}\frac{du}{d\rho} - \frac{u}{\rho^2} = 0 \qquad (6.7)$$

La solution générale de cette équation différentielle est de la forme :

$$u = C_1\rho + \frac{C_2}{\rho} \qquad (6.8)$$

Les constantes C_1 et C_2 sont déterminées par les conditions aux limites interne et externe. Substituant l'expression de u de l'équation 6.8 dans les équations 6.3 et 6.4, on obtient :

$$\sigma_\rho(\rho) = \frac{E_c}{1 - v_c^2}\left[C_1\left(1 + v_c\right) - C_2\frac{1 - v_c}{\rho^2} \right] \qquad (6.9)$$

$$\sigma_t(\rho) = \frac{E_c}{1 - v_c^2}\left[C_1\left(1 + v_c\right) + C_2\frac{1 - v_c}{\rho^2} \right] \qquad (6.10)$$

Les conditions aux limites de la surface interne ($\rho = a$) et de la surface externe ($\rho = b$) du cylindre en béton sont:

$$\sigma_\rho(\rho = a) = -P \qquad (6.11)$$

$$\sigma_\rho(\rho = b) = 0 \qquad (6.12)$$

Les constantes C_1 et C_2 sont obtenues en utilisant les conditions aux limites ci-dessus dans l'équation 6.9, on a donc :

$$C_1 = \frac{1 - v_c}{E_c}\frac{a^2}{b^2 - a^2}P \qquad (6.13)$$

$$C_2 = \frac{1+v_c}{E_c} \frac{a^2 b^2}{b^2 - a^2} P \qquad (6.14)$$

Les expressions de la contrainte radiale σ_ρ et de la contrainte circonférentielle σ_t du béton dues à la pression radiale P sont obtenues en substituant les expressions des constantes C_1 et C_2 (équations 6.13 et 6.14) dans les équations 6.9 et 6.10, on a donc :

$$\sigma_\rho = \frac{a^2 P}{b^2 - a^2}\left(1 - \frac{b^2}{\rho^2}\right) \qquad (6.15)$$

$$\sigma_t = \frac{a^2 P}{b^2 - a^2}\left(1 + \frac{b^2}{\rho^2}\right) \qquad (6.16)$$

Où a est le rayon de l'armature en PRF, et b est le rayon du cylindre en béton.

Posant $r = b/a$, les équations 6.15 et 6.16 deviennent :

$$\sigma_\rho = \frac{P}{r^2 - 1}\left(1 - \frac{b^2}{\rho^2}\right) \qquad (6.17)$$

$$\sigma_t = \frac{P}{r^2 - 1}\left(1 + \frac{b^2}{\rho^2}\right) \qquad (6.18)$$

On constate que $(\sigma_\rho + \sigma_t)$ est constante : $\sigma_\rho + \sigma_t = \dfrac{2P}{r^2 - 1} = $ *Constante*. Ce qui signifie que les sections transversales du cylindre restent planes.

La contrainte de traction circonférentielle maximale dans le béton due à la pression radiale P, à l'interface *Barre/Béton*, où $\rho = a$, est donnée par :

$$\sigma_{t\max} = \frac{r^2 + 1}{r^2 - 1} P \qquad (6.19)$$

En tenant compte de la présence de la charge mécanique appliquée, la contrainte de traction circonférentielle maximale dans le béton due à la pression radiale P et à la charge axiale N, à l'interface *Barre/Béton*, est donnée par :

$$\sigma_{t\max} = \frac{r^2+1}{r^2-1}P - v_c\sigma_{cz} \tag{6.20}$$

Où σ_{cz} : Contrainte de traction dans le béton d'enrobage due à la charge mécanique.

6.2.2 Déformations dans le béton dues à la pression radiale, à la température et à la charge axiale

Le déplacement radial u à n'importe quel point de la paroi de la poutre cylindrique, sous la pression radiale P, est obtenu en remplaçant les expressions de C_1 et C_2 (équations 6.13 et 6.14) dans l'équation 6.8, on a donc :

$$u(\rho) = \frac{1-v_c}{E_c}\frac{P}{r^2-1}\rho + \frac{1+v_c}{E_c}\frac{b^2}{r^2-1}\frac{P}{\rho} \tag{6.21}$$

Quand on se trouve en présence de la charge axiale N, on doit ajouter le terme Δu, tel que :

$$\begin{cases} \varepsilon_{c\rho_1}(\rho) = \dfrac{\Delta u}{\rho} \\ \varepsilon_{c\rho_1} = -v_c.\varepsilon_{cz} \end{cases}$$

$$\Rightarrow \quad \Delta u = \varepsilon_{c\rho_1}.\ \rho = -v_c\frac{\sigma_{cz}}{E_c}.\ \rho$$

ε_{cz} : déformation longitudinale du béton due à la charge mécanique axiale N.

ε_{cp1} : déformation radiale du béton due à l'effet de Poisson de la charge mécanique axiale N.

Avec : $\quad \sigma_{cz} = \dfrac{N}{A} = \dfrac{N}{\pi(b^2-a^2)}$

D'où :

$$u(\rho) = \frac{1-v_c}{E_c} \frac{P}{r^2-1} \rho + \frac{1+v_c}{E_c} \frac{b^2}{r^2-1} \frac{P}{\rho} - v_c.\varepsilon_{cz}.\rho \tag{6.22}$$

La déformation radiale $\varepsilon_{c\rho}$ dans le béton due à la pression radiale P et la charge axiale N est :

$$\varepsilon_{c\rho}(\rho) = \frac{du}{d\rho}$$

$$\varepsilon_{c\rho}(\rho) = \frac{P}{E_c(r^2-1)}\left[\left(1-\frac{b^2}{\rho^2}\right) - v_c\left(1+\frac{b^2}{\rho^2}\right)\right] - v_c\varepsilon_{cz} \tag{6.23}$$

$$\varepsilon_{c\rho}(\rho) = \frac{1}{E_c}\left(\sigma_\rho - v_c\sigma_t\right) - v_c\varepsilon_{cz} \tag{6.24}$$

La déformation radiale $\varepsilon_{c\rho}$ dans le béton due à la pression radiale P, la charge axiale N et à la variation de température ΔT est donnée par :

$$\varepsilon_{c\rho}(\rho) = \frac{P}{E_c(r^2-1)}\left[\left(1-\frac{b^2}{\rho^2}\right) - v_c\left(1+\frac{b^2}{\rho^2}\right)\right] - v_c\varepsilon_{cz} + \alpha_c\Delta T \tag{6.25}$$

Où α_c est le coefficient d'expansion thermique du béton.

La déformation circonférentielle ε_{ct} dans le béton due à la pression radiale P et la charge axiale N est : $\varepsilon_{ct}(\rho) = \dfrac{u(\rho)}{\rho}$

$$\varepsilon_{ct}(\rho) = \frac{P}{E_c(r^2-1)}\left[\left(1+\frac{b^2}{\rho^2}\right) - v_c\left(1-\frac{b^2}{\rho^2}\right)\right] - v_c\varepsilon_{cz} \tag{6.26}$$

$$\varepsilon_{ct}(\rho) = \frac{1}{E_c}\left(\sigma_t - v_c\sigma_\rho\right) - v_c\varepsilon_{cz} \tag{6.27}$$

La déformation circonférentielle ε_{ct} dans le béton due à la pression radiale P, la charge axiale N et la variation de température ΔT est donnée par :

134

$$\varepsilon_{ct}(\rho) = \frac{P}{E_c(r^2-1)}\left[\left(1+\frac{b^2}{\rho^2}\right)-v_c\left(1-\frac{b^2}{\rho^2}\right)\right]-v_c\varepsilon_{cz}+\alpha_c\Delta T \qquad (6.28)$$

La déformation circonférentielle ε_{ct} dans le béton, à l'interface *Barre/Béton* ($\rho = a$), due à la pression radiale P, la charge axiale N et la variation de température ΔT, est donnée par :

$$\varepsilon_{ct}(a) = \frac{P}{E_c}\left(\frac{r^2+1}{r^2-1}+v_C\right)-v_c\varepsilon_{cz}+\alpha_c\Delta T \qquad (6.29)$$

La déformation circonférentielle ε_{ct} dans le béton, à la surface externe de l'enrobage de béton ($\rho = b$), due à la pression radiale P, la charge axiale N et la variation de température ΔT, est donnée par :

$$\varepsilon_{ct}(b) = \frac{2P}{E_c(r^2-1)}-v_c\varepsilon_{cz}+\alpha_c\Delta T \qquad (6.30)$$

Il est à noter que, dans le cadre de cette étude, σ_{cz} est prise égale à f_{tj}, car la charge mécanique appliquée a dépassé la charge de fissuration du béton. Par conséquent, ε_{cz} est calculé par :

$$\varepsilon_{cz} = f_{tj}/E_c$$

6.2.3 Déformation transversale de la barre en PRF due à la pression radiale P, de la charge axiale N et de la variation de température ΔT

De la même façon que le cas de cylindre du béton sous pression interne, on étudie l'équilibre d'un élément de la barre sous pression externe P due à la réaction du béton sur la barre en PRF. L'équation d'équilibre peut être écrite comme suit :

$$\frac{d^2u}{d\rho^2}+\frac{1}{\rho}\frac{du}{d\rho}-\frac{u}{\rho^2}=0 \qquad (6.31)$$

En suivant les mêmes démarches de résolution que précédemment, les composantes de contraintes radiale σ_{fp} et circonférentielle σ_{ft} de la barre de PRF s'écrivent comme suit :

135

$$\sigma_{f\rho}(\rho) = \frac{E_t}{1-v_{tt}^2}\left[C_3\left(1+v_{tt}\right)-C_4\frac{1-v_{tt}}{\rho^2}\right] \tag{6.32}$$

$$\sigma_{ft}(\rho) = \frac{E_t}{1-v_{tt}^2}\left[C_3\left(1+v_{tt}\right)+C_4\frac{1-v_{tt}}{\rho^2}\right] \tag{6.33}$$

Où :

E_t : Module d'élasticité transversal de la barre.

v_{tt} : Coefficient du Poisson transversal de la barre (le premier indice indique la direction transversale de l'application de la contrainte et le deuxième indice indique la direction transversale suivant laquelle on détermine la déformation).

C_3 et C_4 sont les constantes d'intégration déterminées par les conditions aux limites suivantes :

$$\sigma_\rho(\rho = a) = -P \tag{6.34}$$

$$\sigma_\rho(\rho = 0) = -P \tag{6.35}$$

Les constantes C_3 et C_4 sont obtenues en utilisant les conditions aux limites ci-dessus dans l'équation 6.32, on a donc :

$$C_3 = -\frac{1-v_{tt}}{E_t}P \tag{6.36}$$

$$C_4 = 0 \tag{6.37}$$

L'expression de déplacement s'écrit donc :

$$u(\rho) = -\frac{(1-v_{tt})P}{E_t}\rho \tag{6.38}$$

La déformation circonférentielle ε_{ft} de la barre en PRF due à la pression radiale P est donnée par :

$$\varepsilon_{ft} = \frac{u(\rho)}{\rho} = -\frac{(1-v_{tt})P}{E_t} \tag{6.39}$$

La déformation circonférentielle de la barre en PRF due à la pression radiale P, la charge axiale N et la variation de température ΔT, est donnée par :

$$\varepsilon_{ft} = \alpha_t \Delta T - \frac{(1-\nu_{tt})P}{E_{ft}} - \nu_{lt}.\varepsilon_{fz} \qquad (6.40)$$

Où : α_t est le coefficient d'expansion thermique transversale de la barre en PRF;

ν_{lt} : Coefficient de poisson de la barre de PRF dans la direction longitudinale;

ε_{fz} : déformation longitudinale de la barre due à la charge mécanique axiale N.

6.2.4 Pression radiale P

L'équation de compatibilité des déformations transversales à l'interface *Barre/Béton* $\left(\varepsilon_{ft}(a) = \varepsilon_{ct}(a)\right)$ est utilisée pour déterminer la pression radiale P exercée par la barre en PRF sur le béton.

À partir des équations 6.40 et 6.29, on peut écrire :

$$\alpha_t \Delta T + \frac{(1-\nu_{tt})P}{E_t} - \nu_{lt}.\varepsilon_{fz} = \frac{P}{E_c}\left(\frac{r^2+1}{r^2-1} + \nu_C\right) - \nu_c \varepsilon_{cz} + \alpha_c \Delta T \qquad (6.41)$$

De l'équation ci-dessus, on obtient l'expression de la pression radiale P :

$$P = \frac{(\alpha_t - \alpha_c)\Delta T - (\nu_{lt}\varepsilon_{fz} - \nu_c\varepsilon_{cz})}{\dfrac{1}{E_c}\left(\dfrac{r^2+1}{r^2-1} + \nu_c\right) + \dfrac{1}{E_t}\left(1-\nu_{tt}\right)} \qquad (6.42)$$

Avec : $r = \dfrac{b}{a} = \dfrac{2c+d_b}{d_b}$

Où le terme $(\alpha_t - \alpha_c)\Delta T$ est la déformation thermique différentielle transversale, et le terme $(\nu_{lt}\varepsilon_{fz} - \nu_c\varepsilon_{cz})$ est la déformation due à la charge axiale N. Dans le cas où le cylindre n'est soumis à aucune charge axiale, l'expression de la pression radiale est donnée par l'équation 6.43 ci-dessous. Ce qui implique que la force axiale a pour effet de réduire la pression radiale.

$$P = \frac{(\alpha_t - \alpha_c)\Delta T}{\dfrac{1}{E_c}\left(\dfrac{r^2+1}{r^2-1}+\nu_c\right)+\dfrac{1}{E_t}\left(1-\nu_{tt}\right)} \tag{6.43}$$

Il est important de noter que $(\alpha_t - \alpha_c)\Delta T$ est la principale source de la pression radiale. Si l'adhérence entre la barre en PRF et le béton est parfaite, une déformation thermique différentielle transversale additionnelle est produite à cause de l'effet de Poisson pour les déformations axiales. Cette déformation additionnelle est négligée car le coefficient d'expansion thermique longitudinal (CETL) des barres en PRF a une faible influence comme il a été justifié par Rahman et coll. (1995) et Zaidi et coll. (2006)

6.2.5 Variation de température produisant la première fissure (ΔT_{cr})

La première fissure radiale apparaît dans le béton à l'interface *Barre/Béton* ($\rho = a$) lorsque la contrainte circonférentielle atteint la résistance à la traction du béton (f_{ct}).

$$\sigma_{t\max} = \frac{r^2+1}{r^2-1}P - \nu_c\sigma_{cz} = f_{ct} \tag{6.44}$$

La variation de température (ΔT_{cr}) qui produit la première fissure dans le béton à l'interface *Barre/Béton* est obtenue à partir des équations 6.43 et 6.44, on a donc :

$$\Delta T_{cr} = \frac{1}{(\alpha_t - \alpha_c)}\left[\left(\frac{f_{ct}+\nu_c\sigma_{cz}}{\beta}\right)\cdot\left(\frac{1}{E_c}(\beta+\nu_c)+\frac{1}{E_t}(1-\nu_{tt})\right)\right] \tag{6.45}$$

Où : $\beta = \dfrac{r^2+1}{r^2-1}$

6.3 Analyse comparative des résultats analytiques et expérimentaux

Afin de valider le modèle analytique présenté dans la section précédente, on présente dans cette section une comparaison entre les résultats expérimentaux et analytiques en termes de déformations thermiques transversales à l'interface *Barre/Béton* des dalles SA sous charge combinées thermique et mécanique, ainsi, qu'en terme de variation de température produisant la première fissure à l'interface *Barre/Béton* dans un cylindre du béton armé axialement d'une barre en PRF. Les résultats expérimentaux sont ceux obtenus dans la première phase thermique qui consiste à soumettre les dalles SA à une variation thermique de -30 à +60°C et à une charge mécanique de 20% de la charge ultime flexionnelle des dalles testées. Les résultats analytiques de déformations thermiques transversales sont obtenus par les équations 6.40 et 6.43. Cependant, la variation de température, produisant la première fissure dans le béton à l'interface *Barre/Béton*, est prédite par l'équation 6.45

6.3.1 Comparaison des déformations circonférentielles à l'interface *Barre/Béton*

Les figures 6.2 à 6.6 présentent une comparaison entre les résultats expérimentaux et les résultats analytiques en termes de déformations thermiques transversales à l'interface *Barre/Béton*, en fonction de la variation de température (ΔT), mesurées à mi- portée des dalles SA. Il est à noter que la température de référence est de 23±1°C.

A partir de ces figures, on constate que les prédictions analytiques en termes de déformations thermiques transversales sont largement inférieures aux résultats expérimentaux. Cette divergence est probablement due au développement des fissures circonférentielles autour des barres de PRFV causé par des contraintes radiales de traction engendrées dans le béton à l'interface *Barre/Béton* sous basses températures. Il s'ajoute à ces contraintes celles due au retrait. Cependant, pour les hautes températures, cette divergence est due au développement des fissures radiales causées par l'expansion thermique des barres de PRFV quand la température augmente. Ces fissures n'ont pas été prises en compte dans les hypothèses de calcul du modèle analytique basé sur *la théorie d'élasticité linéaire*.

Afin de déterminer les déformations transversales des barres de PRFV, le modèle analytique (équation 6.40) a été modifié afin de s'accorder aux résultats expérimentaux obtenus de l'étude des dalles en béton armé de barres en PRFV soumises simultanément à une charge mécanique de 20% de la charge ultime des dalles et une température variant de -30°C à +60°C. Le modèle proposé est donné par :

$$\varepsilon_{ft} = \frac{r\,\alpha_{ft}\,\Delta T}{0,4\,\sqrt{f_{c28}^{'}}\,\,Ln\,r} - \nu_{lt}\,\varepsilon_{fl} \qquad\qquad pour\,\Delta T > 0$$

$$\varepsilon_{ft} = \frac{0,4\,\left(c/d_b\right)\alpha_{ft}\,\Delta T}{Logr} - \nu_{lt}\,\varepsilon_{fl} \qquad\qquad pour\,\Delta T \le 0$$

(6.46)

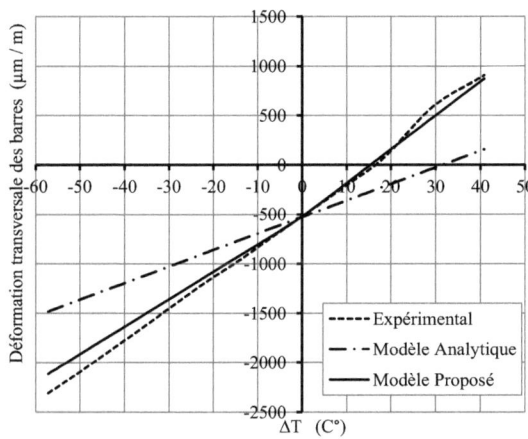

Figure 6.2   Déformation transversale des barres de PRFV de la dalle SA.25.16 – Comparaison
des résultats expérimentaux et analytiques, $c/d_b = 1,6$.

140

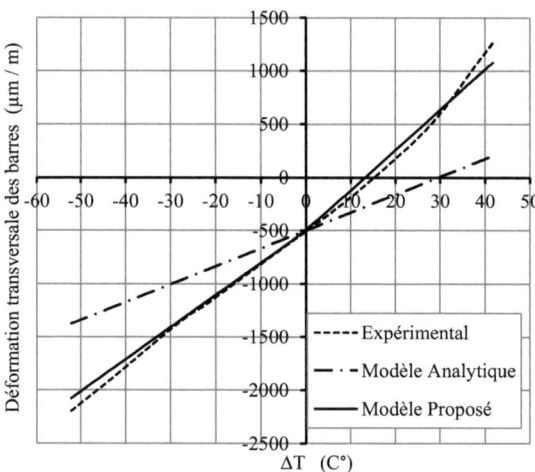

Figure 6.3   Déformation transversale des barres de PRFV de la dalle SA.30.16 – Comparaison des résultats expérimentaux et analytiques, c/d_b = 1,9

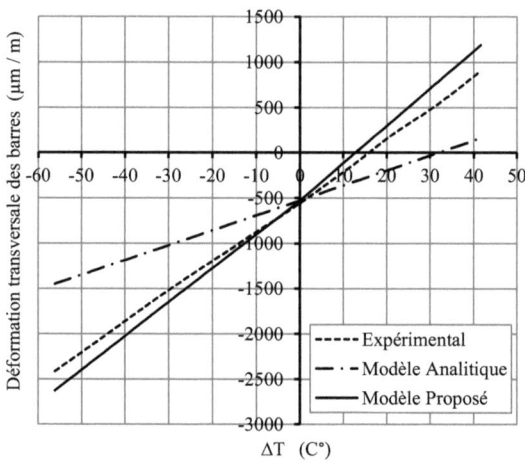

Figure 6.4   Déformation transversale des barres de PRFV de la dalle SA.45.16 – Comparaison des résultats expérimentaux et analytiques, c/d_b = 2,8

141

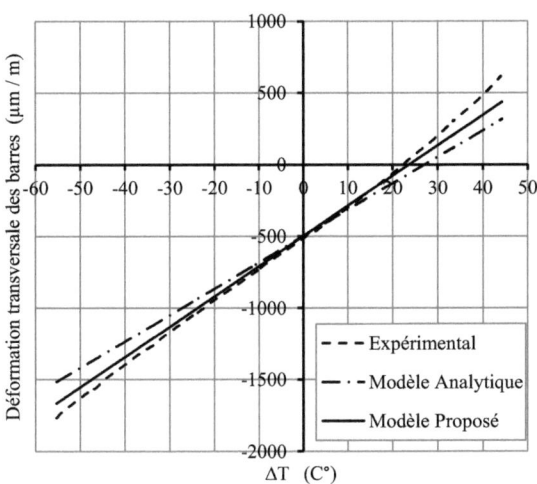

Figure 6.5   Déformation transversale des barres de PRFV de la dalle SA.25.19 – Comparaison des résultats expérimentaux et analytiques, c/d_b = 1,3

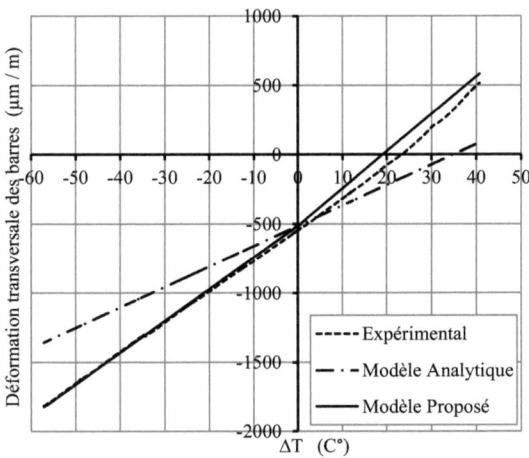

Figure 6.6   Déformation transversale des barres de PRFV de la dalle SA.30.19 – Comparaison des résultats expérimentaux et analytiques, c/d_b = 1,6

Les déformations thermiques transversales, à l'interface *Barre/Béton*, prédites par le modèle proposé ci-dessus sont en bon accord avec les résultats expérimentaux comme le montre les figures 6.2 à 6.6. Il est à noter que le modèle proposé est valide uniquement pour les matériaux utilisés dans cette étude.

6.3.2. Variation de température produisant la première fissure

Les figures 6.7 et 6.8 montrent, respectivement, les résultats analytiques de la variation de température (ΔT_{cr}) produisant la première fissure radiale dans le béton à l'interface *Barre/Béton* des cylindres en béton armé de barre en PRFV soumis à la température et une charge axiale, et ceux des cylindres soumis seulement à la température, en fonction du rapport c/d_b pour un béton de résistance à la traction f_{ct} = 2,7 MPa. À partir de la figure 6.7, on constate que la variation de température (ΔT_{cr}) produisant la première fissure dans le béton à l'interface varie entre 17 et 23°C, ceci pour des rapports c/d_b variant entre 0,6 et 4. Au-delà de la valeur 4 du rapport c/d_b, la variation de température ΔT_{cr} reste presque constante. Pour les valeurs du rapport c/d_b étudiées dans le programme expérimental (c/d_b = 1,3 à 2,8) la variation de température ΔT_{cr} théorique est variée entre 21 à 22,6°C (figure 6.7), ce qui correspond à une température de 44 à 47°C (puisque la température de référence est 23±1°C). Pour les cylindres sous l'effet des variations de température sans charge axiale (Figure 6.8), la variation de température (ΔT_{cr}) produisant la première fissure dans le béton à l'interface varie entre 14,5 et 19 °C pour des rapports c/d_b variant entre 0,6 et 4. Au-delà de la valeur 4 du rapport c/d_b, la variation de température ΔT_{cr} reste presque constante. Ceci se conforme aussi avec les résultats expérimentaux discutés à la section 5.2.1, et qui indiquent que les déformations longitudinales à l'interface *Barre/Béton* des dalles SB sont supérieures à celles des dalles SA pour les températures supérieures à 40°C à cause de développement des fissures radiales dans l'enrobage du béton des dalles SB.

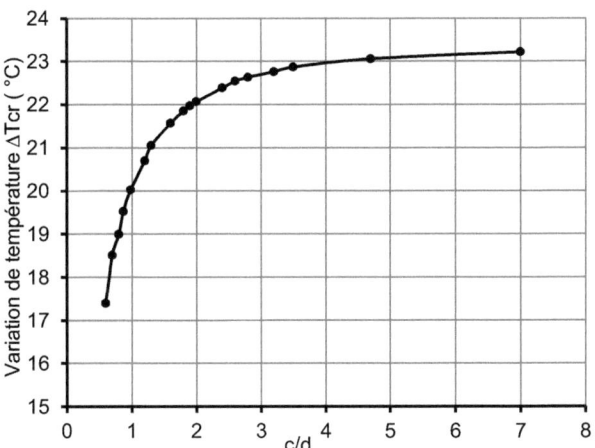

Figure 6.7 Variation de température ΔT_{cr} produisant la première fissure à l'interface *Barre/Béton* des cylindres en béton armé de barre en PRFV soumis à une charge axiale et température

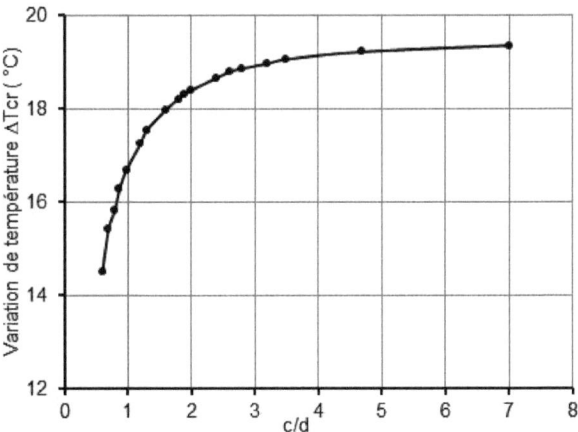

Figure 6.8 Variation de température ΔT_{cr} produisant la première fissure à l'interface *Barre/Béton* des cylindres en béton armé de barre en PRFV soumis à la température seulement sans charge axiale.

CONCLUSIONS ET RECOMMANDATIONS

L'objectif principal de ce projet de recherche est d'étudier le comportement des dalles en béton armé de barre en PRFV soumises simultanément à une charge mécanique et une variation de température importante. Ces charges, thermique et mécanique, sont dans la gamme des charges adaptées aux conditions de service des structures réelles, à savoir, un pourcentage de 20% de la capacité ultime flexionnelle des dalles et une température variant entre -30°C et +60°C. Bien que les effets de la température sur les éléments en béton armé ont été investigués, pas autant d'attention n'a été donnée aux effets combinés des charges thermique et mécanique sur le comportement de ces éléments de la façon présentée dans les travaux de recherche de cette thèse.

Les travaux de recherche comportent des études expérimentales et des études analytiques. Les études expérimentales consistent à confectionner et tester 18 dalles en béton armé de barres en PRFV. Les dalles ont été divisées en six séries, chacune est constituée de trois dalles. Une dalle de chaque série a été soumise à des chargements combinés thermique et mécanique. La deuxième dalle a été soumise à un chargement thermique seul. La troisième dalle de référence a été conservée à la température ambiante. L'épaisseur d'enrobage de béton et le diamètre des barres font partie des paramètres étudiés. Toutes les dalles avaient 2500 mm de longueur et 500 mm de largeur. La hauteur des dalles a été variée selon l'épaisseur d'enrobage du béton de telle sorte que la hauteur utile de toutes les dalles soit constante.

Les études analytiques consistent à développer un modèle analytique basé sur la théorie d'élasticité, capable de prédire les déformations thermiques transversales dans les barres de PRF et le béton. Ainsi, de déterminer la variation de température produisant la première fissure radiale dans le béton, à l'interface *Barre/Béton*, en fonction du rapport d'épaisseur d'enrobage du béton au diamètre de la barre en PRF (c/d_b). La comparaison des résultats théoriques et expérimentaux a permis de proposer une relation permettant de prédire les déformations thermiques transversales à l'interface *Barre/Béton*.

Les principales conclusions qui peuvent être tirées de cette étude sont comme suit :

145

- Une charge mécanique de 20% de la résistance ultime flexionnelle (F_u) des dalles en béton armé de barres en PRFV n'a pas une grande influence sur les déformations thermiques transversales des barres ancrées dans le béton sous des températures variant de -30°C à +60°C.

- A haute température (>40°C), les déformations thermiques longitudinales à l'interface *Barre/Béton* diminuent sous l'application des charges mécaniques particulièrement pour des rapporte c/d_b<1,6. Cette réduction, qui peut atteindre 30% pour une température de +60°C, est due à la réduction de la pression radiale au niveau de l'interface à cause de l'application de la charge mécanique. Cependant, pour des températures variant entre -30°C et +40°C, la charge mécanique appliquée n'a pas une grande influence sur les déformations thermiques longitudinales à l'interface *Barre/Béton* des barres de PRFV.

- La charge mécanique appliquée (de 20%F_u) a pour effet de réduire les déformations thermiques transversales à la surface extérieure du béton d'enrobage. Cette réduction est de 5% à 10% pour une température de +60°C. Ceci est dû à la diminution de la pression radiale exercée par les barres et, par conséquent, à la réduction de la propagation des fissures radiales dans le béton. Cependant, pour les basses températures ces déformations n'ont pas été affectées par la charge mécanique.

- La charge mécanique appliquée (de 20%F_u) n'a pas d'effet remarquable sur les déformations thermiques longitudinales à la surface extérieure du béton d'enrobage pour des températures variant entre -30°C à +60°C.

- Le comportement thermomécanique des barres en PRFV ancrées dans le béton des dalles à échelle réelle est linéaire élastique.

- La variation de l'épaisseur d'enrobage du béton n'a pas une grande influence sur les déformations thermiques transversales à l'interface *Barre/Béton* pour des températures variant de -30°C à +60°C. Cependant, ces déformations se trouvent diminuer avec l'augmentation de diamètre des barres de PRFV. Cette augmentation est liée aux propriétés thermiques des barres utilisées tel que le coefficient d'expansion thermique transversal.

- Les rapports d'épaisseur d'enrobage du béton au diamètre des barres de PRFV (c/d_b) variant entre 1,3 et 2,8, utilisés dans cette étude, sont suffisants afin d'éviter la rupture de l'enrobage du béton des dalles en béton armé de barres en PRFV sous charges combinées mécanique (de 20% et 30%F_u) et thermique (de -30 à +60°C).

- Les cycles thermiques appliqués avant l'essai de flexion à quatre points n'ont pas affecté l'adhérence entre le béton et les barres de PRFV, ni le comportement flexionnel des dalles en béton armé de barres en PRFV rompues par cisaillement.

- Les cycles charge-décharge sont réversibles avant l'apparition des fissures et irréversibles après l'apparition des fissures.

- La théorie des poutres reste encore applicable pour les charges de service des dalles en béton armé de barres en PRFV soumises à des températures importantes variant de -30 à +60°C.

- Le comportement des barres de PRFV ancrées dans le béton des dalles pré-fissurées, soumises simultanément à des charges mécaniques et des cycles *Gel/Dégel*, est linéaire élastique jusqu'à 67% de la résistance ultime de cisaillement des dalles étudiées.

- Les charges thermiques et mécaniques, appliquées avant l'essai de flexion, contribuent à l'augmentation de la capacité ultime de cisaillement des dalles pour des rapports d'épaisseur d'enrobage au diamètre de la barre (c/d_b) variant entre 1,6 et 2,8. Cette amélioration est probablement due à l'amélioration des propriétés mécaniques des barres en PRF en raison de leur durcissement thermique.

- Les flèches prédites par le code CSA et le guide ACI sont très proches à celles obtenues par les essais expérimentaux de flexion effectués sur des dalles en béton armé de barres en PRFV après leur soumission simultanément à des charges mécaniques et des cycles *Gel/Dégel*. Cependant, le code CSA surestime les valeurs des flèches pour les charges de service.

- La flèche et la capacité ultime des dalles en béton armé de barres en PRFV soumises aux charges combinées thermique et mécanique, sont affectées par la résistance de compression du béton, sans être affectées par la variation de l'épaisseur d'enrobage.

- Les dalles en béton armé de barres en PRFV soumises à une variation thermique importante doivent être chargées moins de 20 et 30% de leur résistance ultime de flexion pour des barres de diamètre de 19 mm et 16 mm, respectivement. Cette limitation est requise afin de respecter les exigences du Manuel d'ISIS-2007 en termes de largeurs de fissures admissibles.

- Les charges thermiques appliquées avant l'essai de flexion contribuent à la réduction de la charge de fissuration du béton, ceci est dû au développement des fissures radiales autour de la barre de PRFV initiées lors de la phase des essais conditionnés.
- L'effet de la température sur la largeur des fissures des dalles en béton armé de barres en PRFV augmente avec l'augmentation du diamètre des barres de renforcement.
- L'espacement des barres et l'épaisseur d'enrobage de béton influent considérablement sur la largeur des fissures des dalles en béton armé de barres en PRFV soumises auparavant (avant l'essai de flexion) à des charges combinées thermique et mécanique.
- Le mode de rupture des dalles testées a été par cisaillement-compression comme prévu, en raison de l'absence des armatures transversales de la section.
- Les déformations transversales, à l'interface *Barre/Béton*, prédites par le modèle analytique sont largement inférieures à celles obtenues par les essais expérimentaux effectués sur des dalles en béton armé de barres en PRFV. Ceci est dû aux fissures développées dans le béton d'enrobage qui n'ont pas été prises en compte dans les hypothèses de calcul du modèle analytique basé sur la théorie d'élasticité linéaire.
- Les déformations thermiques transversales, à l'interface *Barre/Béton*, prédites par le modèle proposé, sont en bon accord avec les résultats expérimentaux des dalles en béton armé de barres en PRFV soumises à des charges combinées thermique (de -30 à +60°C) et mécanique (de 20% F_u).
- La variation de température prédite par le modèle analytique produisant la première fissure radiale dans le béton, à l'interface *Barre/Béton* des éléments en béton armé de barre en PRFV sous charges combinées thermique et mécanique, est environ 22 ± 1°C pour des rapports c/d_b variant de 1.3 à 2.8 et un béton de résistance à la traction de 2.7 MPa.

La conclusion principale qu'on peut tirer de ces travaux de recherche est que l'utilisation des barres de PRFV comme armatures principales dans les dalles en béton armé à des conditions climatiques rudes, n'a pas d'influence remarquable sur le comportement flexionnel de ces dalles. Car la résistance ultime de cisaillement des dalles testées n'a pas été affectée par la variation thermique importante de -30 à +60°C et les cycles *gel/dégel*, de même pour la largeur des fissures et la flèche à des charges de service. Il est à noter que les résultats obtenus sont valides uniquement pour les matériaux utilisés dans cette étude.

Recommandations

Suite aux travaux effectués dans le cadre de cette thèse, on suggère les recommandations suivantes pour des travaux futures :

Faire une modélisation par éléments finis afin de permettre d'établir une étude paramétrique traitant l'effet des paramètres suivants : diamètre des barres en PRF, épaisseur d'enrobage de béton, propriétés physique et mécanique des barres, résistance du béton, dimensions des dalles, nombre des cycles *Gel/Dégel*, l'effet de haute température (plus que +60°C).

Les résultats de ce modèle numérique vont être validés par la comparaison avec les résultats expérimentaux obtenus dans le cadre de ce projet de recherche.

Pour les paramètres non traités dans cette étude, un programme expérimental peut être réalisé afin de justifier les résultats du modèle numérique ainsi obtenus.

BIBLIOGRAPHIE

ACI committee 440. (2004). Guide Test Methods for Fibre-Reinforced Polymers (FRPs) for Reinforcing or Strengthening Concrete Structures. *American Concrete Institute, ACI 440. 3R- 04, USA*

ACI Committee 318. (2005). Building Code Requirements for Structural Concrete (ACI 318M-05) and Commentary. *American Concrete Institute, ACI 318-05, USA.*

ACI committee 440 (2006). Guide for the Design and Construction of Structural Concrete Reinforced with FRP Bars. *American Concrete Institute, ACI 440. 1R-06.*

ACI committee 318. (2008). Building Code Requirements for Structural Concrete and Commentary. *American Concrete Institute, ACI 318M-08, USA*

ACI committee 440 (2008). Specification for Carbon and Glass Fiber-Reinforced Polymer Bar Materials for Concrete Reinforcement. *American Concrete Institute, ACI 440. 6M-08.*

ACI Committee 318. (2011). Building Code Requirements for Structural Concrete (ACI 318-11) and Commentary. *American Concrete Institute, ACI 318-11, USA.*

Aiello, M. A. Focacci, F. Huang, P.C. Nanni, A. (1999). Cracking of concrete cover in FRP reinforced concrete elements under thermal loads. *4th International Symposium on FRP for Reinforcement of Concrete Structures (FRPRCS4)*, Baltimore, USA, p. 233-243.

Aiello, M.A., Focacci, F., and Nanni, A. (2001). Effects of thermal loads on concrete cover of fiber reinforced polymer reinforced elements: Theoretical and experimental analysis. *ACI Materials Journal*, vol. 98, n° 4, p. 332-339.

Aiello, M. A. Ombres, L. (2002). Structural Performances of Concrete Beams with Hybrid (Fiber-Reinforced Polymer-Steel) Reinforcements. *Journal of composites for construction*, volume 6, No. 2, p. 133-140.

Alam, M. S. Hussein, A. (2013). Size Effect on Shear Strength of FRP Reinforced Concrete Beams without Stirrups. *Journal of Composites for Construction*, ASCE, Vol. 17, No. 4, p. 507-516.

Al-Mahmoud, F. Castel, A. François, R. (2012). Failure modes and failure mechanisms of RC members strengthened by NSM CFRP composites – Analysis of pull-out failure mode. *Composites: Part B*, volume 43, p. 1893-1901.

Alsayed, S.H. Al-Salloum, Y.A. Almusallam, T.H. (2000). Performance of glass fiber reinforced plastic bars as a reinforcing material for concrete structures. *Composites: Part B*, volume 31, No. 6 – 7, p. 555-567.

American Society for Testing and Materials (ASTM). (2002). Standard Test Method for Static Modulus of Elasticity and Poisson's Ratio of Concrete in Compression. *Annual Book of ASTM Standards ASTM C 469 – 02*, U.S.A.

American Society for Testing and Materials (ASTM). (2004). Standard Test Method for Compressive Strength of Cylindrical Concrete Specimens. *Annual Book of ASTM Standards ASTM C 39/C 39M–05*, U.S.A.

American Society for Testing and Materials (ASTM). (2004). Standard Test Method for Splitting Tensile strength of Cylindrical Concrete Specimens. *Annual Book of ASTM Standards* ASTM C 496/C 496M – 04, U.S.A.

Arias, J. P. M. Vazquez, A. Escobar, M.M. (2012). Use of sand coating to improve bonding between GFRP bars and concrete. *Journal of Composite Materials*, volume 46, No. 18, p. 2271-22780.

Ariyawardena, T. Ghali, A. Elbadry, MM. (1997). Experimental study on thermal cracking in reinforced concrete members. *ACI Structtural Journal*, volume 94, No. 4, p. 432–42.

Bakis, C. E. Bank, L. C. Brown, V.L. Cosenza, E. Davalos, J.F. Lesko, J.J. Machida, A. Rizkalla, S.H. Triantafillou, T.C. (2002). Fiber-Reinforced Polymer Composites for construction—State-of-the-Art Review. *Journal of composites for construction,* volume 6, No. 2, P.73-87.

Banendran, R.V. Rana, T.M. Maqsood, T. Tang, W.C. (2002). Application of FRP bars as reinforcement in civil engineering structures. *Structural Survey*, volume 20, No. 2, p. 62-72.

Baumert, M.E., Green, M.F., Erki, M.A. (1996). Low temperature behaviour of concrete beams strengthened with FRP sheets. *Proceedings of the Canadian Society for Civil Engineering , Annual Conference*, Montréal, Quebec, 29 May – 1 June, Volume 11a, p. 179-190.

Bažant, Z. P. Yu, Q. (2005). Designing against Size Effect on Shear Strength of Reinforced Concrete Beams without Stirrups: II—Verification and Calibration. *Journal of Structural Engineering*, ASCE, Volume 131, No. 12, p. 1886-1897.

Bellakehal, H. Zaidi, A. Masmoudi, R. and Bouhicha, M. (2013). Combined effect of sustained load and freeze–thaw cycles on one-way concrete slabs reinforced with glass fibre – reinforced polymer. *Canadian Journal of Civil Engineering*, volume 40, No. 11, p.1060-1067.

Benmokrane, B. (2011). Matériaux composites en construction et réhabilitation, *Notes de cours*, Département génie civil, université de Sherbrooke, Sherbrooke (Qc), Canada.

Benmokrane, B. Chaallal, O. Masmoudi, R. (1995). Glass fibre reinforced plastic (GFRP) rebars for concrete structures. *Construction and Building Materials,* Volume 9, No. 6, p. 353-364.

Benmokrane, B. Zhang, B. Chennouf, A. (2000). Tensile properties and pullout behaviour of AFRP and CFRP rods for grouted anchor applications. *Construction and Building Materials*, volume 14, No. 3; p.157-170.

Bischoff, P.H., Scanlon, A. 2007. Effective moment of inertia for calculating deflections of concrete members containing steel reinforcement and fiber-reinforced polymer reinforcement. *ACI Structural Journal*, ACI, Volume 104, No. 1, p. 68-75.

Bischoff, P.H. Gross, P. (2011). Design Approach for Calculating Deflection of FRP-Reinforced Concrete. *Journal of Composites for Construction*, ASCE, Volume15, No. 4, p. 490-499

Canadian Standards Association (CSA). 2002. Design and Construction of Building Components with Fiber – Reinforced Polymers. *CAN/CSA–S806–02*, Toronto, Ontario, Canada.

Canadian Standards Association (CSA). 2004. Design of concrete structures. *CAN/CSA–A23.3-04* Mississauga, Ontario, Canada.

Canadian Standards Association (CSA). 2006. Canadian Highway Bridge Design Code. *CAN/CSA–S6–06,* Mississauga, Ontario, Canada.

Canadian Standards Association (CSA). 2012. Design and construction of building structures with fibre-reinforced polymers. *CAN/CSA–S806–12,* Mississauga, Ontario, Canada.

Collins, M.P. et Mitchell, D. (1997). Prestressed Concrete Structures, Response Publications, Canada, 766 p.

Cosenza, E. Manfredi, G. (1997). Behavior and modeling of bond of FRP rebars to concrete. *Journal of composites for construction*, volume 1, No. 2, p. 40-51.

Dutta, P.K. (1988). Structural fiber composite materials for cold regions. *Journal of Cold Regions Engineering*, volume 2, No. 3, p. 124-132.

Ehsani, M.R. (1993). Glass-Fiber reinforcing bars. *Alternative materials for the renforcement and prestressing of concrete*, Edited by J.L. CLARCK, Glasgow, UK, Blackie Academic and professional, p. 35-54.

Ehsani, M.R. Saadatmanesh, H. Tao, S. (1997). Bond behaviour of deformed GFRP bars. *Journal of composite materials*, volume 31, No. 14, p. 1413-1430.

Elbadry, M., Abdalla, H., Ghali, A. (2000). Effects of temperature on the behaviour of fiber reinforced polymer reinforced concrete members: experimental studies. *Canadian Journal of Civil Engineering*, volume 27, No. 5, p. 993-1004.

Elbadry, M. Elzaroug, O. (2004). Control of cracking due to temperature in structural concrete reinforced with CFRP bars, *Composite Structures*, volume 64, No. 1, p. 37 – 45.

Elbadry, M. Osman, M. (2009). Thermal cracking of concrete slabs reinforced with Fiber-Reinforced Polymer bars. *9th International Symposium on FRP for Reinforcement of Concrete Structures*, FRPRCS-9, Sydney, Australia, p. 1-6.

El-Hacha, R. Green, M. F. Wight, R.G. (2004). Flexural behaviour of concrete beams strengthened with prestressed carbon fibre reinforced polymer sheets subjected to sustained loading and low temperature. *Canadian Journal of Civil Engineering*, volume 31, No. 2, p. 239-252.

El-Mogy, M. El-Ragaby, A. El-Salakawy, E. (2011). Effect of Transverse Reinforcement on the Flexural Behavior of Continuous Concrete Beams Reinforced with FRP. *Journal of composites for construction*, ASCE, volume 15, No. 5, p. 672-681.

Elsayed, T.A. Eldaly, A. M. El-Hefnawy, A. A. Ghanem, G. M. (2011). Behaviour of Concrete Beams Reinforced with Hybrid Fiber Reinforced Bars. *Advanced Composite Materials*, volume 20, No. 3, p. 245-259.

EL-Zaroug, O., Forth, J., Ye, J., Beeby, A. (2007). Flexural performance of concrete slabs reinforced with GFRP and subjected to different thermal histories. *8th International Symposium on FRP for Reinforcement of Concrete Structures (FRPRCS-8)*. University of Patras, Patras, Greece, p. 1-10

Engindeniz, M. Zureick, A.H. (2008). Deflection Response of Glass Fiber-Reinforced Pultruded Components in Hot Weather Climates. *Journal of composites for construction*, volume 12, No. 3, p. 355-363.

Galati, N. Nanni, A. Focacci, F. Aiello, M.A. (2006). Thermal effects on bond between FRP rebars and concrete. *Composites: Part A*, volume 37, No. 8, p. 1223-1230.

Gay, D. (1997). *Matériaux Composites*, 5e édition. Hermès, Paris, France, 672 p.

Gentry, T. R., Husain, M. (1999). Thermal compatibility of concrete and composite reinforcements." *Journal of composites for construction*, volume 3, No. 2, p. 82-86.

Grace, N.F. soliman, A.K. Abed-Sayed, G. Saleh, K.R. (1998). Behavior and ductility of simple and continuous FRP reinforced beams. *Journal of composites for construction*, volume 2, No. 4, p. 186-194.

Hameed, N. Sreekumar, P.A. Valsaraj, V.S. Thomas, S. (2009). High-Performance Composite from Epoxy and Glass Fibers: Morphology, Mechanical, Dynamic Mechanical, and Thermal Analysis. *Polymer Composites*, volume 30, No. 7, p. 982-992.

Harris, H. G. Somboonsong, W. Ko, F. K. (1998). New ductile hybrid FRP reinforcing bar for concrete structures. *Journal of composites for construction*, volume 2, No. 1, p. 28-37.

Ho, M.-p. Wang, H. Lee, J.-H. Ho, C.-K. Lau, K.-T. Leng, J. Hui, D. (2012). Critical factors on manufacturing processes of natural fibre composites. *Composites: Part B,* volume 43, No. 8, p. 3549-3562

Huo, S. Thapa, A. Ulven, C.A. (2013). Effect of surface treatments on interfacial properties of flax fiber-reinforced composites. *Advanced Composite Materials*, Volume 22, No. 2, p. 109-121

Isa, M.T. Ahmed, A.S. Aderemi, B.O. Taib, R.M. Mohammed-Dabo, I.A. (2013). Effect of fiber type and combinations on the mechanical, physical and thermal stability properties of polyester hybrid composites, *Composites: Part B,* volume 52, 217–223.

Intelligent Sensing for Innovative Structures (ISIS Canada). (2007). Design Manual N°3, Reinforcing Concrete Structures with Fibre Reinforced Polymers. Winnipeg, Manitoba, Canada.

Kara, I. F. Ashour, A. F. Dundar, C. (2013). Deflection of concrete structures reinforced with FRP bars. *Composites: Part B*, volume 44, No. 1, p. 375-384.

Katz, A. (2000). Bond to concrete of FRP rebar after cyclic loading. *Journal of composites for construction*, volume 4, No. 3, p. 137-144.

Kells, J (2013). Our infrastructure challenge. *Canadian civil engineer*. May 2013. ISSN 9825-7515.

Kim, B. Doh, J.-H. Yi, C.-K. Lee, J.-Y. (2013). Effects of structural fibers on bonding mechanism changes in interface between GFRP bar and concrete. *Composites: Part B,* volume 45, No. 1, p.768-779.

Kobayashi, K. Fujisaki, T. (1995). Compressive Behaviour of FRP Reinforcement in Non-prestressed Concrete Members. *Proceedings of the Second International Symposium on Non-metallic (FRP) Reinforcement for Concrete Structures (FRPRCS-2).* Edited by Taerwe, RILEM proceedings 29, Ghent, Belgium, p. 267-274.

Kodur, V. K. R. Bisby, L. A. (2005). Evaluation of fire endurance of concrete slabs reinforced with FRP bars. *Journal of structural Engineering*, volume 131, No. 1, p.34 – 43.

Kong, A. Fam, A. Green, M.F. (2005). Freeze-Thaw Behavior of FRP-Confined Concrete under Sustained Load. *Proceedings of the 7th International Symposium on Fiber Reinforced Polymer Reinforcement for Concrete Structures*, (FRPRCS-7), Kansas City, Missouri, USA, p. 705-722.

Ku, H. Wang, H. Pattarachaiyakoop, N. Trada, M. (2011). A review on the tensile properties of natural fiber reinforced polymer composites. *Composites: Part B*, volume 42, No. 4, p. 856-873

Laoubi, K. El-Salakawy, E. Benmokrane, B. (2006). Creep and durability of sand-coated glass FRP bars in concrete elements under freeze/thaw cycling and sustained loads. *Cement & Concrete Composites*, volume 28, No. 10, p. 869-878.

Leung, H.Y. Balendran, R.V. (2003). Flexural behavior of concrete beams internally reinforced with GFRP rods and steel rebars. *Structural Survey*, Volume 21, No. 4, p. 146-157.

Masmoudi, R. Thériault, M. Benmokrane, B. (1998). Flexural behavior of concrete beams reinforced with deformed fiber reinforced plastic reinforcing rods. *ACI Struct. J.,* volume 95, No. 6, p.665-676.

Masmoudi, R. Zaidi, A. Gérard, P. (2005). Transverse thermal expansion of FRP bars embedded in concrete. *Journal of composites for construction*, volume 9, No. 5, p. 377-387.

Matta, F. El-Sayed, A. K. Nanni, A. Benmokrane, B. (2013). Size Effect on Concrete Shear Strength in Beams Reinforced with Fiber-Reinforced Polymer Bars. *ACI Structural Journal*, Volume 110, No. 4, p. 617-628.

Mutsuyoshi, H. Zin, T. Sumida, A. (2004). Development of new heat – resisting FRP bars. *Proceeding of Advanced composite materials in bridges and structures*, IV ACMBS, Calgary, Alberta, Canada, p. 1-7.

Oudah, F. El-Hacha, R. (2012). A new ductility model of reinforced concrete beams strengthened using Fiber Reinforced Polymer reinforcement. *Composites: Part B*, volume 43, No. 8, p. 3338-3347.

Pendhari, S. S. Kant, T. Desai, Y. M. (2008). Application of polymer composites in civil construction: A general review. *Composite Structures*, volume 84, No. 2, p. 114-124.

Ragi, A. Benmokrane, B. Ebead, U. (2006). Tensile Lap Splicing of Bundled CFRP Reinforcing Bars in Concrete. *Journal of composites for construction*, volume 10, No. 4, p. 287-294.

Rahman, H.A., Kingsley, C.Y., Taylor, D.A. (1995). Thermal stress in FRP – reinforced concrete. *In Proceedings, Annual Conference of the Canadian Society for Civil Engineering*, Ottawa, Canada, p. 605-614.

Renée, C. Yunping, X. (2003). The behavior of fiber-reinforced polymer reinforcement in low temperature environmental climates. *Department of Civil, Environmental & Architectural Engineering, University of Colorado.* Report No. CDOT-DTD-R-2003-4

Robert, M. Benmokrane, B. (2010). Behavior of GFRP Reinforcing Bars Subjected to Extreme Temperatures. *Journal of composites for construction*, volume 14, No. 4, p. 353-360.

Ru, M. Changwen, M. Xin, L. Wei, S. (2002). Interaction between loading, freeze–thaw cycles, and chloride salt attack of concrete with and without steel fiber reinforcement. *Cement and Concrete Research*, volume 32, No. 7, p. 1061-1066.

Shahidi, F. Sparling, B.F. Wegner, L.D. (2004). Investigation on bond between GFRP bars and concrete under sustained loads in aggressive environments. *Proceeding of Advanced composite materials in bridges and structures*, IV ACMBS, Calgary, Alberta, Canada, p. 1-8.

Tighiouart, B. Benmokran, B. Gao, D. (1998). Investigation of bond in concrete member with fibre reinforced polymer _FRP bars. *Construction and Building Materials*, volume 12, No. 8, p. 453-462.

Timoshenko, S.P. and Goodier, J.N. 1970. *Theory of elasticity*, 2^e Edition. Mc-Graw-Hill, New York, USA, 506p.

Vogel, H. Svecova, D. (2004). Effect of temperature on concrete cover of FRP prestressed elements. *Proceeding of Advanced composite materials in bridges and structures*, IV ACMBS, Calgary, Alberta, Canada, p. 1-8.

Wahab, N. Soudki, K. A. Topper, T. (2011). Mechanism of Bond Behavior of Concrete Beams Strengthened with Near-Surface-Mounted CFRP Rods. *Journal of composites for construction*, volume 15, No. 1, p. 85-92

Yan, L. Chouw, N. (2013). Behavior and analytical modeling of natural flax fiber-reinforced polymer tube confined plain concrete and coir fiber-reinforced concrete. *Journal of Composite Materials*, volume 47, No. 18, p. 2133-2148.

Yang, J.M. Min, K.H. Shin, H.O. Yoon, Y.S. (2012). Effect of steel and synthetic fibers on flexural behavior of high-strength concrete beams reinforced with FRP bars. *Composites: Part B*, volume 43, No. 3, p. 1077-1086.

Zaidi, A. (2006). Comportement thermique d'éléments en béton armé de barres en polymères renforcés de fibres (PRF), *Thèse de doctorat,* Université de Sherbrooke, Sherbrooke, Québec, Canada, 334p.

Zaidi, A. Masmoudi, R. (2006). Thermal effect on FRP – reinforced concrete slabs. *1st International Structural Specialty Conference.* CSCE. Calgary, Alberta, Canada. ST-036: 1-10.

Zaidi, A. Masmoudi, R. (2008). Thermal effect on fiber reinforced polymer reinforced concrete slabs. *Canadian Journal of Civil Engineering*, volume 35, No. 3, p. 312-320.

Zaidi, A. Masmoudi, R. (2013). *Comportement thermique d'éléments en béton armé de barres en PRF – étude théorique et expérimentale*, 1ère Edition. PAF, Saarbrücken, Deutschland, Allemagne, 284p.

ANNEXE

Contributions produites

Publications internationales :

Bellakehal, H., Zaidi, A., Masmoudi, R., and Bouhicha, M. (2013). Combined effect of sustained load and freeze–thaw cycles on one-way concrete slabs reinforced with glass fibre – reinforced polymer. *Canadian Journal of Civil Engineering*, volume 40, No. 11, p.1060-1067.

Bellakehal, H., Zaidi, A., Masmoudi, R., and Bouhicha, M. (2014) Behavior of FRP Bars-Reinforced Concrete Slabs under Temperature and Sustained Load Effects. *Polymers Journal*, Volume 6, p. 873-889.

Communications internationales :

Bellakehal, H., Masmoudi, R., Zaïdi, A., Mohamed, H., Bouhicha, M. (2010) Évaluation des effets combines de charges thermiques et mecaniques sur le comportement de dalles en béton armé de barres en polymères renforcés de fibres (PRF), *Proceedings of the Annual Conference of the CSCE*, Winnipeg, Manitoba, Canada, 10p.

Bellakehal, H., Masmoudi, R., Zaïdi, A., Mohamed, H., Bouhicha, M. (2011) Combined Effects of Thermal and Mechanical Loads on the behaviour of FRP reinforced concrete slabs– Theoretical and experimental studies, *Proceedings of the 2nd International Engineering Mechanics and Materials* Specialty Conference of CSCE, Ottawa, Ontario , Canada, PP EM-89-1 – 11.

H. Bellakehal, R. Masmoudi, A. Zaidi and M. Bouhicha (2011) Effect of mechanical load on the thermal behavior of concrete slab reinforced with fiber reinforced polymer (FRP) bars, *Proceedings of the 4th international conference on Durability and Sustainability of Fiber Reinforced Polymer (FRP) Composites for construction and Rehabilitation, CDCC 2011*, Québec city, Canada, PP 593- 601.

H. Bellakehal, A. Zaidi, R. Masmoudi, M. Bouhicha (2012) Combined Effect of Sustained Load and Freeze/Thaw Cycles on the Ultimate Capacity of One-way GFRP Reinforced Concrete Slabs, 6th International Conference on Advanced Composite Materials in Bridges and Structures –ACMBS VI, 22 – 25 May, Kingston, Ontario, Canada.

Bellakehal, H., Masmoudi, R., Zaïdi, A., Mohamed, H., Bouhicha, M. (2013) Crack width analysis of FRP bars - reinforced concrete slabs, *Proceedings of the General Conference of CSCE*, Montréal, Québec , Canada, PP GEN-73-1 – 10.

Bellakehal, H., Masmoudi, R., Zaïdi, A., Mohamed, H., Bouhicha, M. (2013) Behavior of FRP-Reinforced Concrete Slabs under Temperature and Sustained Load Effects, *Proceedings of the Second Conference on Smart Monitoring, Assessment and Rehabilitation of Civil Structures*, Istanboul, Turky, PP 1 – 9.

Posters :

Bellakehal, H., Masmoudi, R., Zaïdi, A. Bouhicha, M., (2009) Evaluation des effets combinés de charges thermiques et mécaniques sur le comportement de dalle s en béton armé de barres en polymères renforcés de fibres (PRF), *5th Colloquium of the Research Center for Plastics and Composites (CREPEC)*, École Polytechnique de Montréal, Montréal, Canada.

Bellakehal, H., Masmoudi, R., Zaïdi, A. Bouchicha, M., (2010) Evaluation des effets combinés de charges thermiques et mécaniques sur le comportement de dalle s en béton armé de barres en polymères renforcés de fibres (PRF), *Day of Research of the University of Sherbrooke*, Sherbrooke, Qc, Canada.